北京市科学技术协会科普创作出版资金资助

走近神奇的石墨烯

石墨烯的探秘之旅

Exploration Journey

石墨烯联盟 著

人民邮电出版社

北　京

图书在版编目（CIP）数据

石墨烯的探秘之旅 / 石墨烯联盟著. -- 北京 ：人民邮电出版社，2022.11
（走近神奇的石墨烯）
ISBN 978-7-115-58490-8

Ⅰ．①石… Ⅱ．①石… Ⅲ．①石墨烯－普及读物 Ⅳ．①TB383-49

中国版本图书馆CIP数据核字(2022)第034765号

内 容 提 要

石墨烯的发现是科学领域"以小见大"的典范，也是好奇心驱动下探索前沿科技的经典案例。本书以知识点串讲的形式，设计"提示与启发""拓展知识"等模块，深入浅出地介绍与石墨烯有关的经典科学问题，并在此基础上设计了15个操作简单、效果突出的探究性实验。本书旨在通过对石墨烯的解读，帮助读者理解前沿科学与基础科学的关联性，培养科学思维，提升科学素养。

◆ 　　　　著　石墨烯联盟
　　　责任编辑　林舒媛
　　　责任印制　焦志炜

◆ 人民邮电出版社出版发行　　北京市丰台区成寿寺路 11 号
　　邮编　100164　　电子邮件　315@ptpress.com.cn
　　网址　https://www.ptpress.com.cn
　　北京富诚彩色印刷有限公司印刷

◆ 开本：720×960　1/16
　　印张：14.5　　　　　　　　2022 年 11 月第 1 版
　　字数：187 千字　　　　　　2022 年 11 月北京第 1 次印刷

定价：89.00 元

读者服务热线：(010)81055552　印装质量热线：(010)81055316
反盗版热线：(010)81055315
广告经营许可证：京东市监广登字 20170147 号

编委会

（按章节撰写顺序排序）

冷金凤　　　　　　　南京工业大学

吴明红　　　　　　　上海大学

史浩飞　　　　　　　中国科学院重庆绿色智能技术研究院

孙立涛　　　　　　　东南大学

毕恒昌　　　　　　　华东师范大学

赵　悦　　　　　　　南方科技大学

王进美　　　　　　　西安工程大学

张儒静　　　　　　　中国航发北京航空材料研究院

李小天　　　　　　　烯旺新材料科技股份有限公司、

　　　　　　　　　　深圳市纳设智能设备有限公司

李义春　　　　　　　西安市追梦硬科技创业基金会

汤锡芳　　　　　　　西安市追梦硬科技创业基金会

吴鸣鸣　　　　　　　石墨烯产业技术创新战略联盟（CGIA）

胡振鹏　　　　　　　石墨烯产业技术创新战略联盟（CGIA）、

　　　　　　　　　　上海市石墨烯产业技术功能型平台

贾　艳　　　　　　　石墨烯产业技术创新战略联盟（CGIA）

周又红　　　　　　　北京市西城区青少年科技馆

赵　溪　　　　　　　北京市西城区青少年科技馆

杜春燕　　　　　　　北京市第三十五中学

岳　蕾　　　　　　　北京中学

Foreword

Until recently, all materials known to man were bulk or three dimensional, having three spatial characteristics: length, width and thickness. Materials that are only one atom thick were presumed not to exist.

One of a sudden, graphene was found less than two decades ago. It is a single layer of carbon atoms arranged into a hexagonal crystal lattice. Graphene is not only the thinnest material in the universe, but its properties are truly amazing. For example, it is stronger than steel, conducts electricity better than copper and disperses heat better than diamond. The list of graphene's superlative properties is long and continues to grow. Importantly, graphene's discovery led to the development of many other similar materials that are also one atom or one molecule thick and called two-dimensional. They exhibit remarkable properties, too.

We are at the first stages of a technological revolution where such two-dimensional materials start to get utilized, bringing advances into practically every area of human endeavor. Among all atomically thin materials, graphene leads the way. It turned to be such a versatile material that people sometimes call it the industrial monosodium glutamate. There are many companies in the United States, Europe and Asia who push this revolution forward, but China is in front of the race.

The series *Approaching the Magic Graphene* explains cutting-edge science of graphene in terms understandable for the general public. The production team includes front-line researchers, high-school teachers and academic editors to ensure the authority, depth, clarity and excitement of the text. In this informative and beautifully styled presentation, along with a basic overview of graphene's science and technology, the authors show how developments in graphene-based science are already shaping our daily lives through a large number of illustrations and vivid examples.

Recommendation
from Nobel Laur-
eate Andre Geim

Nobel Laureate Andre Geim

November 2022

序（译文）

长期以来，人类已知的所有材料都是三维的，即具有长度、宽度和厚度 3 个空间特征。单原子厚的材料一直被认为并不存在。

大约二十年前，石墨烯被发现。石墨烯具有由单层碳原子排列而成的六边形晶格结构。它不仅是最薄的材料，而且具有诸多卓越的性能。例如，它比钢更强，比铜导电更好，比金刚石散热更佳。在描述石墨烯优异性能的长长的列表中，不断有新性能被添加进来。更重要的是，石墨烯的发现推动了许多其他与之类似的单原子或单分子厚的材料（即二维材料）的发展。这些二维材料同样展现出令人瞩目的特性。

我们正处于一场由二维材料引发的技术革命的起步阶段，这场革命将给人类的生活带来深远的影响。在所有单原子厚的材料中，石墨烯处于引领的地位。石墨烯用途广泛，因此常被称为"工业味精"。美国、欧洲和亚洲有许多公司在推动这场革命，但中国走在了前面。

"走近神奇的石墨烯"系列使用公众易于理解的语言解释了有关石墨烯的前沿科学。作者包括一线研究人员、中学教师和学术编辑，以确保内容的权威性、深度、清晰性和趣味性。在这套内容丰富、风格优美的书中，作者在阐述石墨烯科学和技术基础知识的同时，通过大量的图解和示例，生动地展示了基于石墨烯的科学发展正如何塑造我们的日常生活。

诺贝尔奖得主　安德烈·海姆

2022 年 11 月

诺贝尔奖得主
安德烈·海姆的
推荐视频

序

科学的星空闪耀着你的名字

——石墨烯的诗与远方

2021 年 2 月，一个重磅消息突然刷屏，天才少年曹原及其团队发表了他们的第五篇《自然》（*Nature*）论文，揭示了"魔角"扭曲三层石墨烯的超导性！此前，他们曾报道扭曲双层石墨烯的独特超导性，即当两层石墨烯扭转成 1.1° 排列时，就会出现异乎寻常的超导现象，这个角度被称为"魔角"。

这一进展昭示着，石墨烯的星空很深邃，还有很多未被发现的星系。它们在召唤着，召唤着我们插上思想的翅膀，去刻上自己的名字，好比大将军封狼居胥，勒石燕然。在科学的星空，闪耀着无数的星星——那些我们熟悉的科学家，牛顿、爱因斯坦、伽利略、钱学森、屠呦呦，等等。尽管嫦娥五号取回了月球的"特产"月壤，"天问一号"成功着陆火星，但科学的星空依然深邃，未来一定有机会写上你的名字、我的名字、他的名字，更多中国人的名字。

与石墨烯相关的中国故事，可以追溯到 900 多年前。北宋有个著名人物，叫沈括，被誉为"中国的达·芬奇"，著有一本科技杂谈书——《梦溪笔谈》。该书被英国史学家李约瑟评为"中国科学史上的里程碑"。书中卷二十四·杂志一记载：*鄜、延境内有石油……颇似淳漆，然之如麻，但烟甚浓，所沾帷幕皆黑*。大意是说在陕西延安一带有石油，看起来像油漆，可以像麻草一样燃烧，燃烧时有浓烟，烟沾之处变成了黑色。如今研究发现，这些超细的烟尘里就含有石墨烯等纳米碳。

石墨烯，可以视为最薄的石墨，也可以理解为由碳原子呈蜂窝状平面排列而成的一张纸。用铅笔写字作画，笔芯就可能摩擦出石墨烯。用胶带反复撕剥石墨块，就可以获得石墨烯。2004 年，安德烈·海姆（Andre Geim）和康斯坦丁·诺沃肖洛夫（Konstantin Novoselov）就用"撕剥"这种简单的办法首次制得了石墨烯，并摘得了 2010 年诺贝尔物理学奖。对石墨而言，不断将其一半去除，最后剩下一层碳原子，就是石墨烯了。另外，在铜等金属基底上，通过高温裂解甲烷等含碳分子，也可以制备出大面积的石墨烯。

石墨烯无色无味、"多才多艺"，身披多宗"最"。

它至大至微，横向可无限生长，厚度却不足 1 nm，大约相当于头发丝直径的十万分之一。

它至刚至柔，可伸展亦可折叠。

它至强至韧，可承重亦可拉长。

它透明如水，却可感知从紫外光到可见光再到红外光和太赫兹的超宽频光波。

它密不透风，只有质子在特定条件下可以通过。

它是最光滑的"溜冰场"，电子轻轻滑过，无拘无束。

强者多厚望。石墨烯被誉为"新材料之王""改变 21 世纪的革命性材料"。人类历史经历了石器、陶器、铜器、铁器时代的变迁，现正处在硅时代。下一个时代或称为量子时代，其决定性材料是什么呢？可能就有石墨烯。

事物总是具有两面性，甚至多面性的。具有完美结构的石墨烯，难以大量制得，并且难以加工，具有不溶解、不浸润、不熔化的特点，在许多领域的应用受到限制。这就好比金刚石，尽管其导热性非常好，但由于太硬，难以加工，所以难以大规模应用。因此，氧化石墨烯备受重视。氧化石墨烯可以视为富有含氧官能团和具有孔洞缺陷的石墨烯，较石墨烯而言，尽管结构上存在缺陷，但氧化石墨烯具有易溶解、易加工、易改性、易复合、易量产等诸多优点，且通过化学、热还原、微波等处理，氧化石墨烯的缺陷会被修复，变成结构较完美的石墨烯。此外，借助各种组装方法，石墨烯在分子层面的优秀"基因"能传递到现实的宏观材料中。

石墨烯的性能神奇、应用广泛，但其产业化不能一蹴而就，要经历量变到质变的积累，从顶天立地到铺天盖地，最终实现改天换地。根据科学技术发展规律，石墨烯产业化需要经历"三生"发展路径，即"伴生""共生"和"创生"。

"伴生"就是石墨烯作为功能助剂或"工业味精"，被添加到高分子、陶瓷、金属等传统材料中，虽然用量较少，但可提升产品性能，增强功能，拓宽用途，如石墨烯功能复合纤维、防腐涂料、散热涂料、导电涂料等。处于伴生发展路径中的石墨烯，现已突破分散技术，实现量产，进入市场推广阶段。

"共生"就是石墨烯作为材料的主要成分，起到功能主体作用，如石墨烯电热膜、散热膜、打印电路、传感器等。处于共生发展路径中的石墨烯，现已进入产业化初期阶段，产品在市场上可见，但市场占比还不大。

"创生"就是石墨烯作为材料的支撑骨架，相较于传统竞品材料，在功能或性能上具有颠覆性，起到决定性或"撒手锏"级作用。如石墨烯燃料电池电极、海水淡化膜、柔性触摸屏、光电子芯片等。处于创生发展路径中的石墨烯，目前还在基础研究或技术研发阶段。

石墨烯的未来已来，石墨烯的远方将至。在此，以一首《"烯"望》畅想石墨烯的无限应用前景：衣住用行玩，智芯能电感，星空天地海，烯用疆无边。"衣住用行玩"，即在日常消费领域用得上石墨烯；"智芯能电感"，即在关键技术领域用得上石墨烯；"星空天地海"，即在国家需求及人类命运共同体需求领域用得上石墨烯。

展望未来，石墨烯和其他新材料的未知世界还很大，我们仍然处在新发现、新发明、新创造的黄金时代。当我们解决了一个科学问题，就点亮了一颗科学之星，人类的文明之路就燃起了一盏航灯。

志之所驱，虽艰必克；梦之所引，虽远必达。仰望，逐梦，科学的星空，一定会闪耀着你的名字！

作者

2022 年 11 月

前言

石墨烯是什么？石墨烯比玻璃更透明吗？石墨烯能托起一头大象吗？石墨烯能让空气更净、水更纯吗？"石墨烯口罩""石墨烯暖宝宝""石墨烯内衣""石墨烯发热壁画"是真的吗？石墨烯和 5G 有什么关系？石墨烯能用来制作芯片吗？石墨烯能检测病毒吗？

石墨烯是石墨的极限存在形式。2010 年诺贝尔物理学奖被授予了首次制得石墨烯的研究者。作为二维材料的典型代表，石墨烯受到国内外科研工作者广泛而持久的关注。同时，石墨烯作为我国重要的前沿新材料，在推动材料领域基础研究进步、传统产业转型升级和新兴产业发展等方面发挥着巨大的作用。《中华人民共和国国民经济和社会发展第十四个五年规划和 2035 年远景目标纲要》提出要发展壮大战略性新兴产业，其中就包括新材料。《面向 2035 的新材料强国战略研究》明确将"石墨烯材料"列为重点研发对象。普及石墨烯的知识对推动科技进步、行业发展及树立公民正确的科学认知具有重要作用和深远意义。

在此背景下，石墨烯领域的一线科研学者（教授、研究员）和教育工作者（重点中学和科技馆的教师）以石墨烯为主题，结合大众的阅读习惯、知识储备，商定语言风格、内容深度，共同撰写"走近神奇的石墨烯"系列图书。

"走近神奇的石墨烯"系列包括《石墨烯的前世今生》《石墨烯的探秘之旅》，由石墨烯发现者、诺贝尔物理学奖获得者安德烈·海姆（Andre Geim）作序，旨在以石墨这一特色新材料为切入点，讲述前沿科学与基础科学间的关联性，激发读者感受前沿科学的魅力。其中，《石墨烯的前世今生》全面回顾新材料石墨烯的发现历程，介绍石墨烯的结构、制备方法、优异性能及上中下游应用，系统梳理石墨烯在发现、发展过程中面对的质疑，详细阐述如何正确认识、理解石墨烯的过去、现在和未来，以及石墨烯给学术界、产业界带来的影响，并展望石墨烯的发展趋势。书中有妙趣横生的故事、赏心悦目的插图、一目了然的表格、年代感十足的老照片、珍贵的史料及最新的调研数据，内容形式丰富多样。《石墨烯的探秘之旅》集通俗演绎、科学普及、硬核知识为一体，深入浅出地介绍"了解石墨烯""制备石墨烯""感受石墨烯""认识石墨烯""详解石墨烯""探究石墨烯"等内容，设计"提示与启发""拓展知识"等模块，提炼科学常识和科学问题。书中汇集了 15 个趣味性强、操作简单、效果突出的探究性实验，便于读者亲身体验。

感谢国家自然科学基金、北京市科学技术协会科普创作出版资金资助项目、西安市追梦硬科技创业基金会对本系列图书的支持。由于石墨烯领域的发展日新月异，加之作者的水平和能力有限，时间仓促，书中难免有疏漏和不足之处，敬请读者和专家予以批评指正。

作者

2022 年 11 月

目　录

第1章　了解石墨烯

身份　　　　　　　　　　　　　　　　　002
　　碳的同素异形体　　　　　　　　　　003
　　碳家族的新成员　　　　　　　　　　005

起源　　　　　　　　　　　　　　　　　008
　　发现史　　　　　　　　　　　　　　009
　　诞生记　　　　　　　　　　　　　　011

性质　　　　　　　　　　　　　　　　　014
　　薄：自是二维薄如纸　　　　　　　　015
　　透：帘幕疏疏风透　　　　　　　　　017
　　强：千磨万击还坚劲　　　　　　　　020
　　导：千里江陵一日还　　　　　　　　023

家族　　　　　　　　　　　　　　　　　026
　　氧化石墨烯：淡妆浓抹总相宜　　　　027
　　氟化石墨烯：氟化弄清影　　　　　　030

目录

第 2 章　制备石墨烯

物理法　　　　　　　　　　　　　034
微机械剥离：粘出来的单原子层　035
液相剥离：液相中的分离术　　　037
气相剥离：一气呵成　　　　　　039
印章转移：不差毫厘　　　　　　042
化学法　　　　　　　　　　　　044
外延生长：平面上的演化　　　　045
化学气相沉积：工业化的利器　　047
电化学：石墨电离　　　　　　　051
氧化还原：欲扬先抑　　　　　　053
闪速焦耳：变废为宝　　　　　　057

第 3 章　感受石墨烯

"看"结构　　　　　　　　　　060
基本形态：衬底与光源　　　　061
原子排列：妙用显微镜　　　　064
"听"声音　　　　　　　　　　066
捕捉声波：同频共振　　　　　067
"量"尺寸　　　　　　　　　　070
真实厚度：定性与定量　　　　071
"测"成分　　　　　　　　　　074
化学组成：本质属性　　　　　075

目录

第 4 章　认识石墨烯

力 078

强度：牢不可破 079

柔韧性：能屈能伸 082

电 084

导电性：风驰电掣 085

光 088

吸光性：五光十色 089

热 092

导热性：流金铄石 093

第 5 章　详解石墨烯

变身宏观材料 096

一维：纤维 097

二维：薄膜 100

三维：凝胶 102

开发新能源 104

超级电容器：快充快放 105

锂离子电池：突破高能量 108

锂硫电池：性价比之选 111

燃料电池：绿色环保 114

太阳能电池：取之不竭 117

构建电子器件 120

透明电极：触手可及 121

场效应晶体管：从"0"到"1" 124

传感器：看世界 127

目录

电磁屏蔽：世外桃源　　130

助力环境保护　　134

空气净化：沁人心脾　　135

水处理：润物无声　　142

土壤治理：守护生态　　151

携手生物医学　　154

抗菌消毒：硬核净化　　155

生物检测：独具慧眼　　159

药物载体：药到病除　　163

走入健康生活　　166

保暖：迎风傲雪　　167

热疗：癌症防治　　170

第6章　探究石墨烯

实验　　174

透明胶带"撕"出石墨烯　　175

液体中的石墨烯　　177

紫外光照还原氧化石墨烯　　179

氧化石墨烯薄膜　　181

石墨烯纤维　　183

石墨烯多孔材料　　186

石墨烯吸油海绵　　189

氧化石墨烯橡皮泥　　191

氧化石墨烯纳滤膜　　194

石墨烯激光推动　　197

氧化石墨烯水培切花　　199

石墨烯太阳能吸收体与光热转换　　203

石墨烯复合材料与染料降解　　205

石墨烯的导电性与"幽灵灯"　　207

石墨烯的气敏性与"电子鼻"　　209

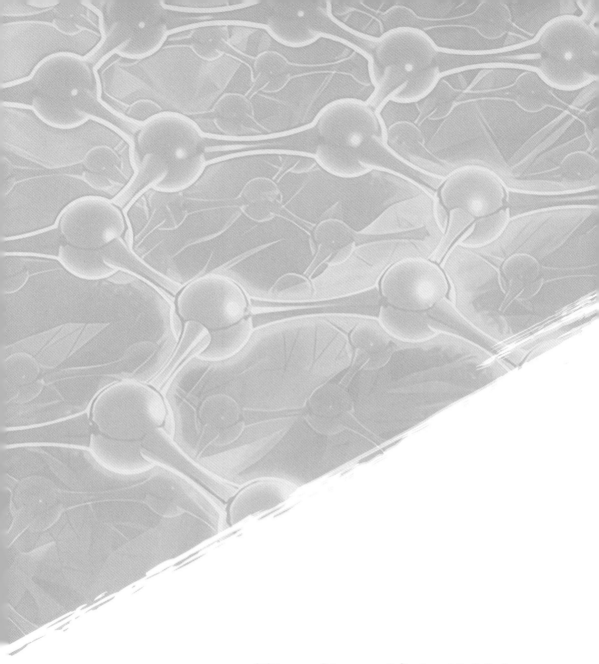

第1章　了解石墨烯

身份

顾名思义，"石墨烯"与"石墨"是有渊源的。简单说，石墨烯是单层石墨层片，是构成石墨的基本结构单元。如果把石墨比作一本书，石墨烯就是其中的一页。

碳的同素异形体

石墨烯是碳的一种同素异形体

在解读"石墨烯"之前，先来看看碳有哪些同素异形体，石墨烯和这些同素异形体之间又有什么关系？

碳是自然万物的重要组成部分，也是构成生命有机体的重要元素。同素异形体是指由单一化学元素组成，因排列方式不同，而具有不同性质的单质。在碳的同素异形体中，石墨和金刚石是典型代表，它们拥有相同的"质"——都由碳元素组成，但"形"或"性"有着天壤之别。

提到金刚石，可能会想到光彩夺目、闪烁耀眼的精美饰品，以及它昂贵的价格；提到石墨，可能会想到黑乎乎、滑腻腻的碳棒。纯净的金刚石是无色透明的正八面体状固体，而石墨则是深灰色、有金属光泽却不透明的细鳞片状固体。相比于金刚石，石墨要柔软得多，在纸上涂写可留下黑黑的痕迹（见图 1-1）。

石墨　　　　　　金刚石

图 1-1　石墨和金刚石

20 世纪 80 年代，纳米材料科学与技术得到了极大的发展，纳米碳材料登上舞台。1985 年，三位科学家发现了一种由 60 个碳原子构成的类似"足球"的碳分子——C_{60}。随后，C_{70}、C_{86} 等大分子相继出现，组成碳家族一大类新成员——富勒烯。C_{60} 的三位发现者于 1996 年获得了诺贝尔化学奖。

1991 年，由石墨层片卷曲而成的碳的一维结构——碳纳米管被发现，它的发现者饭岛澄男（Sumio Iijima）于 2008 年获得卡弗里奖。在石墨烯被发现之前，碳的同素异形体主要包括石墨、金刚石、富勒烯和碳纳米管。碳家族之所以如此丰富，是因为碳元素具有极强的成键能力，在化学反应中表现出极丰富的成键形态，包括零维（富勒烯）、一维（碳纳米管）、二维（石墨烯）、三维（金刚石、石墨），以及众多已被发现但结构未知的同素异形体和尚未被发现的潜在的同素异形体（见图 1-2）。

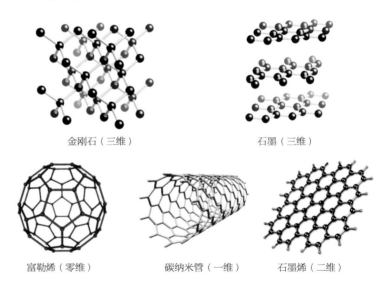

金刚石（三维）　　　　　　　石墨（三维）

富勒烯（零维）　　　碳纳米管（一维）　　　石墨烯（二维）

图 1-2　碳的同素异形体

提示与启发　　还有哪些碳的同素异形体？

拓展知识　　石墨烯在地球上具有丰富的储量吗？

碳家族的新成员

石墨烯是一种二维材料

石墨烯是由碳原子紧密排列成苯环结构而形成的单原子层结构，如同一个尺寸无限大的芳香族分子。从石墨到石墨烯，是一个由"量变到质变"的转变过程。石墨烯是石墨在厚度上减小至极限的状态（见图1-3），但不能将石墨烯简单地理解为"被剪薄的石墨"。对比石墨烯的英文名称（Graphene）和富勒烯的英文名称（Fullerene），会发现这两者都带有后缀"-ene"，这个后缀在化学上用于有机化学中"烯"的命名，说明石墨烯与烯类分子存在一定联系。但也不能将石墨烯看作"有机大分子"，因为石墨是无机材料。

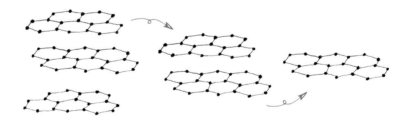

图 1-3　从石墨到石墨烯

石墨烯是一种二维材料，也就是说它在平面空间内可以无限延展，而在与平面垂直的方向上仅有一个原子厚。石墨烯的出现使碳的同素异形体呈现点、线、面、体（从零维到三维）的丰富形态。换句话说，以石墨烯为原料，经多样化的排列、造型，可形成多种维度、不同结构的碳材料。其实，石墨烯是除金刚石外所有碳晶体[①]的基本结构单元。完美的石墨烯仅包括六边形单元，是十分稳定的。如图 1-4 所示，石墨烯可以团聚成零维的富勒烯，卷曲成一维的碳纳米管，堆叠形成三维的石墨，因此可以说石墨烯是构建其他维度碳材料的基本单元。甚至具有非晶结构的活性炭，也可以看作由无数细小的石墨烯层片堆叠而成的。

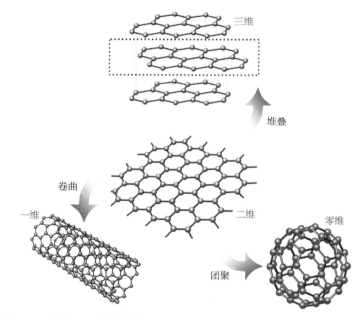

图 1-4　石墨烯——基本结构单元

　　早在 1995 年，国际纯粹与应用化学联合会（International Union of Pure and Applied Chemistry，IUPAC）就将这种单原子层石墨正式命名为"石墨烯"。通过高倍电子显微镜观察，可以看到石墨烯薄片相互折叠在一起（见图 1-5）。

---

① 　晶体是由大量微观物质单位（原子、离子、分子等）按一定规则有序排列的结构。

提示与启发　　理解维度的概念：零维、一维、二维、三维的含义。

拓展知识　　石墨烯、富勒烯、碳纳米管在结构上有什么异同？

图 1-5　高倍电子显微镜下的石墨烯薄片

起源

在石墨烯被发现之前，学术界的理论和实验都已证实理想的二维晶体无法在非绝对零度①下存在。但即使如此，研究者们并没有停止寻找二维材料的脚步。直到2004年，这一难题竟被一卷胶带解决。

---

① 绝对零度（0K）是热力学的最低温度（约-273.15℃或-459.67℉）。

发现史

理想的二维晶体无法在非绝对零度下存在

富勒烯和碳纳米管的发现可以说是"意外之美"，而石墨烯的发现却很曲折。从理论上对石墨烯的预言到实验上石墨烯的成功制备，经历了近 60 年的时间。在理论计算时，石墨烯被看作石墨、碳纳米管的基本结构单元。但传统理论认为，石墨烯只是理论上用于计算所假设出来的结构，实际上并不存在。1934 年，著名物理学家列夫·朗道（Lev Landau）和鲁道夫·派尔斯（Rudolf Peierls）通过理论计算指出：有限温度下，在一维或二维晶体中，原子会发生涨落，因此理想的二维晶体只能在绝对零度下存在，否则会自发熔化或分解。事实上，实验上的确能观察到某些二维晶体的不稳定现象，这些二维晶体会自发分解或形成岛状。

后来研究者们发现，"理想的二维晶体在高于绝对零度时会自发分解"这一说法在理论上并没有错误，但实际的二维晶体（如石墨烯）往往附着在一些衬底上，因此并不符合理想的二维晶体的条件。2007 年，詹尼克·迈耶（Jannik Meyer）成功制备了悬空的石墨烯，并发现悬空的石墨烯会自发蜷曲，导致表面产生 1 nm 左右的起伏，如同微波粼粼的水面（见图 1-6）。这种结构使得石墨烯在室温下能够稳定存在而不违背热力学定律。

区别于理论物理学家，实验物理学家及材料学家更倾向于脱离理论的束缚。华盛顿大学的罗德尼·劳夫（Rodney Ruoff）曾尝试在硅片上摩擦石墨，希望通过这个简单的方法获得单层石墨烯，但可惜的是，他当时没有进一步测量摩擦产物的厚度。哥伦比亚大学的菲利普·金（Philip Kim）也利用石墨制作了"纳米铅笔"并进行划写，最终得到了石墨薄片，该石墨薄片的层数可低至 10 层左右。

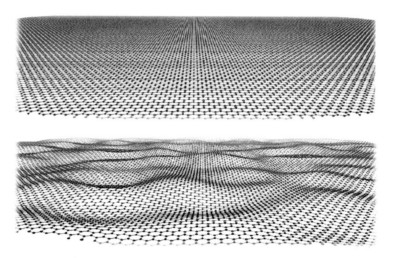

图 1-6　理想的石墨烯的晶体结构（上）和悬空的石墨烯的真实结构（下）

　　事实上，石墨烯的发现靠的不是偶然的灵感迸发，也绝非一蹴而就的科学突破，而是研究者们有意识地努力工作的结果。1999年，西北大学的研究者们就坚信石墨内部层与层之间的作用力很弱，或许可以通过某些方法克服层与层之间的分子间作用力，从而得到单层石墨。打个比方来说，一块石墨就像一副扑克牌，从侧面推动就能将其层层滑开，这最终启发了石墨烯的制备。其中，采用什么方法既能将石墨层片分离又不会造成其结构的破坏是需要解决的关键问题。

提示与启发　　为什么石墨烯能够在室温下稳定存在？

拓展知识　　什么样的二维晶体才算理想的二维晶体？

诞生记

单层石墨烯的首次制备是利用胶带剥离实现的

为了得到单原子层的石墨烯，研究者们尝试了各种方法。有研究者曾将石墨放置在硅片上摩擦以期获得单层石墨烯，但没有成功。还有研究者曾尝试用化学法制备石墨烯，他们将一些原子插入石墨的层间使石墨的层与层分离，但实验结果并不理想。另有研究者将石墨制成微米级的铅笔，试图在硅片上"写"出石墨烯薄片，期望在显微镜下放大后观察到层状石墨烯，但仍没能获得单层的石墨烯。由此可见，虽然石墨的层间作用力比较弱，但要将其完全打破还存在一定困难。

曼彻斯特大学的安德烈·海姆（Andre Geim）和康斯坦丁·诺沃肖洛夫（Konstantin Novoselov）则另辟蹊径，既然石墨是由石墨烯堆叠而成的，何不直接把石墨一层层撕开呢？于是，他们想出了一个"笨"办法，利用胶带反复粘石墨，不断将其减薄，最终得到了石墨烯。这个成功并非偶然，采用胶带撕出石墨烯这一想法离不开前人的研究基础、全面的文献调研及合理的实验设计。海姆在 2010 年的诺贝尔奖颁奖典礼上回顾了石墨烯的发展史，认可了前人对薄层石墨的早期研究工作，其中有部分工作早在 20 世纪 70 年代就已经开展了。当然，石墨烯的发现更离不开海姆和诺沃肖洛夫二人自身的创新思维及探索未知事物的能力，而荣誉理应归功于那些做出原创成果并深刻认识该工作重大意义的人（见图 1-7）。

图 1-7 海姆（左）和诺沃肖洛夫（右）

2010 年 10 月 5 日，瑞典皇家科学院在斯德哥尔摩宣布，将 2010 年诺贝尔物理学奖授予海姆和诺沃肖洛夫，以表彰他们在石墨烯材料方面的卓越研究。正如颁奖词中所写："安德烈·海姆和康斯坦丁·诺沃肖洛夫借助特殊的方法成功分离出薄层石墨烯，并在显微镜的帮助下发现有些层片具有单原子级厚度。他们在石墨烯方面的'突破性实验'使得基于石墨烯的新材料和新型电子产品成为可能。"目前，诺贝尔博物馆收藏着二人当时制备石墨烯时使用的实验工具和基于石墨烯做出来的器件（见图 1-8）。

提示与启发 使用铅笔在纸上写字时，纸面上会不会残留石墨烯？

拓展知识 通过什么样的显微镜能看到单原子级厚度的石墨烯？

图 1-8　石墨、石墨烯晶体管和用于剥离石墨烯的胶带
　　　　（海姆和诺沃肖洛夫于 2010 年捐赠给诺贝尔博物馆）

性质

自 2004 年石墨烯被成功制备，其发现者在短短 6 年后就获得了诺贝尔物理学奖，这在科学史上都是极其罕见的，想必石墨烯存在不少过人之处。那么石墨烯究竟有哪些神奇的特性，这些特性和它独特的结构又有什么关系呢?

薄：自是二维薄如纸

石墨烯是目前世界上已知最薄的材料

作为一种二维碳材料，石墨烯最显著的特点就是"薄"。相比于长度和宽度，石墨烯的厚度几乎可以忽略不计。理论上，单层石墨烯的厚度与石墨的层间距相当，约为 0.34 nm，这大概是头发丝直径的十万分之一。

极薄的厚度给石墨烯带来了很多优势。例如，石墨烯的比表面积非常大，理论值为 $2630 \ m^2 \cdot g^{-1}$。大比表面积赋予石墨烯高表面能[①]，并有可能暴露更多的活性位点，从而与外界环境进行充分的相互作用。因此，具有大比表面积的石墨烯可以作为电极材料用于催化反应，也可以作为吸附材料用于污水处理。

石墨烯不仅薄，而且轻。如图 1-9 所示，石墨烯具有由碳原子组成的六边形结构，每个碳原子由 3 个碳六边形共有。每个碳六边形的面积为 $0.053 \ nm^2$，占有两个碳原子，由此可以计算出石墨烯的理论面密度（约 $0.76 \ mg \cdot m^{-2}$），即面积为 $1 \ m^2$ 的石墨烯比一根头发丝还要轻。所以说，石墨烯是一种超轻材料。

★ 石墨烯面密度及比表面积的计算如下。

石墨烯由碳六边形组成，按正六边形面积计算公式，可得：

---

① 表面能可通俗地理解为形成二维表面所需要的能量。

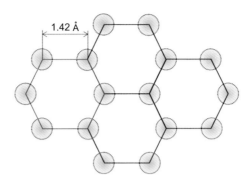

图 1-9　石墨烯的六边形结构

$$每个碳六边形的面积 = 3 \times \frac{\sqrt{3}}{2} \times \left(1.42 \times 10^{-10}\right)^2$$
$$= 5.239 \times 10^{-20} \text{ m}^2$$

每个碳六边形由 6 个碳原子组成，其中每个碳原子只占 $\frac{1}{3}$

碳的相对原子质量为 12，

$$每个碳原子的质量 = \frac{12}{6.023 \times 10^{23}} = 1.993 \times 10^{-23} \text{ g}$$

$$每个碳六边形的质量 = 1.993 \times 10^{-23} \times 6 \times \frac{1}{3} = 3.986 \times 10^{-23} \text{ g}$$

根据面密度的定义：

$$面密度 = \frac{质量}{面积} = \frac{3.986 \times 10^{-23}}{5.239 \times 10^{-20}} = 0.76 \text{ mg} \cdot \text{m}^{-2}$$

根据比表面积的定义：

$$比表面积 = \frac{面积}{质量} = \frac{5.239 \times 10^{-20}}{3.986 \times 10^{-23}} = 1314.35 \text{ m}^2 \cdot \text{g}^{-1}$$

注意，这个数值仅是一个正六边形的上（或下）表面的比表面积。对于单层石墨烯，其碳六边形上下表面均处于暴露状态，故石墨烯的理论比表面积应该为上述计算值的两倍，即 2628.7 $\text{m}^2 \cdot \text{g}^{-1}$，约等于 2630 $\text{m}^2 \cdot \text{g}^{-1}$。

提示与启发　如何定义石墨烯的厚度？

拓展知识　还可以用什么方法来计算石墨烯的理论面密度？

透：帘幕疏疏风透

石墨烯具有良好的光学性能

石墨是黑色的块状固体，不能透光，但石墨烯却具有优异的透光性。2018 年，拉胡尔·奈尔（Rahul Nair）等人将悬浮的石墨烯薄膜覆盖在几十微米量级的孔洞上，发现石墨烯在近红外光和可见光下具有极佳的光透射性。对于可见光，单层石墨烯的透光率可达 97.7%，因而单层石墨烯几乎是透明的，且透光率随层数的增加而线性降低（见图 1-10）。

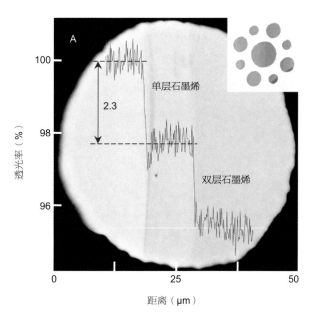

图 1-10　石墨烯透光率测试

研究者们利用石墨烯导电、透明的特点，制造了石墨烯智能玻璃。这种石墨烯智能玻璃是通过在商用玻璃上直接生长石墨烯实现的，可用于现代住宅中的智能窗户。通过调控玻璃两端的电压，可以调控玻璃的透光性，实现散射（不透明）状态和透明状态间的相互切换，从而实现隐私状态和户外状态的相互切换（见图1-11）。

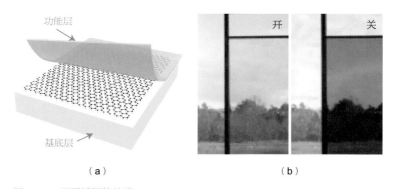

（a）　　　　　　　　　　　　　　　　（b）

图1-11　石墨烯智能玻璃
（a）石墨烯与基底层、功能层材料结合；（b）石墨烯智能窗户

此外，石墨烯的层数和吸光性是成比例的，每增加一层石墨烯，透光率就减少2.3%，约50层厚的石墨烯则完全失去透光性。基于这一现象，通过测量石墨烯的透光率即可推算出石墨烯的层数。

石墨烯具有高透光性、轻薄、柔软、导电等特点，是制造柔性电子屏的理想材料。与传统触摸屏中所使用的导电材料相比，石墨烯更轻薄、透明、柔软，并且可以直接在玻璃基板上生长，有利于触摸屏的制作。目前，研究者们已据此制作出稳定且书写流畅的石墨烯触摸屏（见图1-12）。

提示与启发　　为什么石墨不透明而石墨烯却透明？

拓展知识　　用石墨烯制造的触摸屏具有哪些优势？

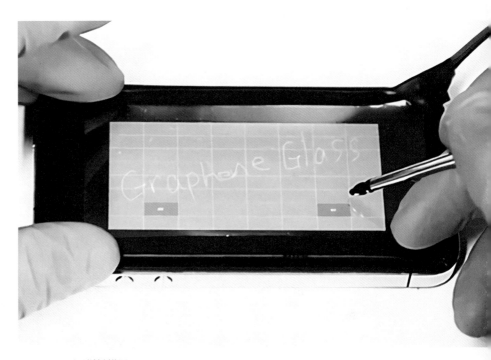

图 1-12　石墨烯触摸屏

强：千磨万击还坚劲

石墨烯具有良好的力学性能

我们常用"强弩之末，势不能穿鲁缟"来形容强大的力量已经衰竭，其中所提到的鲁缟正是由于其轻薄才容易被穿透。既然石墨烯这么薄，是不是也很容易被破坏呢？答案却出人意料，石墨烯是迄今为止已发现的强度和硬度最高的材料之一（见图1-13）。

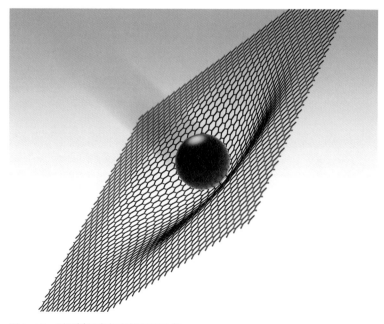

图1-13　石墨烯具有超高的强度示意

力学上通常用抗拉强度（也称强度极限）来表示材料的强度。对石墨烯力学性能的研究主要通过实验测试、数值模拟、理论分析等方法。2005 年，拉胡尔·奈尔（Rahul Nair）等人通过实验测得石墨烯的抗拉强度为 125 GPa，而普通钢的抗拉强度只有 250 ~ 1200 MPa。1 G 等于 1000 M，如此算来，普通钢如果具有与石墨烯同样的厚度（约 0.34 nm），则其强度只有石墨烯的百分之一。

为什么仅有单原子厚度的石墨烯拥有如此高的强度呢？这与碳原子之间的化学键和电子结构有着紧密的联系。金刚石是硬度非常高的物质，而石墨烯与金刚石类似，都是通过碳 – 碳键将碳原子相连组成的。碳 – 碳键是一种比较稳定的化学键，石墨烯中的碳 – 碳键间形成牢固的 120° 角，可以承受很大的面内拉应力，因而强度很高。

此外，与金刚石不同的是，石墨烯还具有很高的韧性，可以弯折。金刚石很硬同时也很脆，受到外力冲击时会碎成小块。石墨烯则不同，受到外力冲击时，石墨烯的碳原子面可以犹如蹦床一样弯曲、变形，以适应外力，因而能保持原有的结构而不至于被破坏。测试石墨烯的力学性能时，通常把石墨烯膜搭载在有孔洞的平台表面，用探针对悬浮的石墨烯膜施加压力，由此测量其抗拉强度（见图 1-14）。

值得强调的是，深入理解石墨烯因维度极限而带来的独特力学行为，及其与三维材料之间的差异，并建立全新的分析方法和理论体系，是实现石墨烯工程应用的关键所在。此外，石墨烯是二维材料的典型代表，对其力学理论的研究可为其他二维材料的研究提供借鉴，有助于探究其他二维材料的力学行为。

提示与启发　金刚石与石墨烯脆性不同的原因是什么？

拓展知识　同样具备碳 – 碳键的石墨也像石墨烯一样强韧吗？

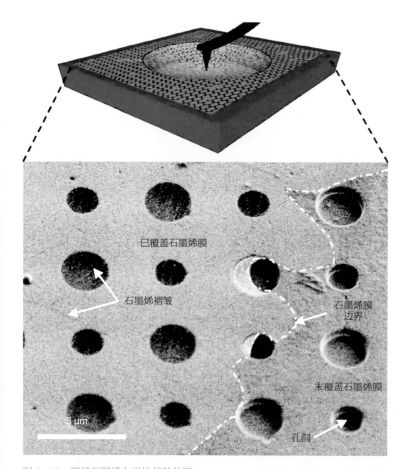

图 1-14　测量石墨烯力学性能的装置

导：千里江陵一日还

石墨烯具有良好的电学、热学性能

石墨烯最令人瞩目的是其独特的电学与热学性能。石墨烯是室温下导电性最好的材料，电子在石墨烯中的运动速率可达到光速的 1/300，远大于在常规导体中的速率，这一特点使得石墨烯在纳米电子领域具有广阔的应用前景。

石墨烯的每个碳原子和周围的 3 个碳原子相连接，还有 1 个电子未参与成键，垂直于碳原子所在平面。其中，每个碳原子最外层的 3 个电子和周围 3 个碳原子形成 3 个 σ 键，而未参与成键的最外层电子则形成大 π 共轭结构，电子可以在其中不受限制地在面内游走，形成大范围"电子云"（见图 1−15）。这正是石墨烯具有优异电学性能的原因。

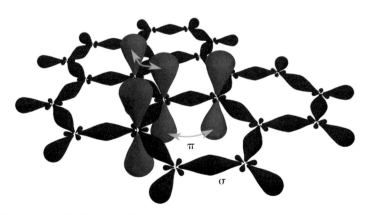

图 1−15　石墨烯的"电子云"

值得说明的是，石墨烯的碳原子间作用力非常强。常温下，即使周围的碳原子发生挤撞时，电子受到的干扰也很小，电子在传输时不易发生散射，因此石墨烯的电导率高达 1×10^6 S·m^{-1}。

石墨烯除了具有优异的电学性能，其热学性能也很优异，具体表现在高热导率[①]和负热膨胀系数[②]。生活中我们都有过这样的经验，将不同材质的勺子放在相同的热水中，金属勺子会比木头和塑料勺子更烫，这正是由于不同物质的热导率不同导致的，冬天摸铁块感觉比木头块要冷也是同样的道理（见图1-16）。常见金属的热导率如下：铜（398 W·m^{-1}·K^{-1}）、银（427 W·m^{-1}·K^{-1}）、金（315 W·m^{-1}·K^{-1}）。石墨烯具有极佳的导热性能，单层石墨烯的热导率最高可达 5300 W·m^{-1}·K^{-1}，是铜的10倍之多。需要说明的是，石墨烯层片沿平面方向的导热性能具有各向异性[③]的特点，其热导率与层片宽度、

图1-16 不同物质导热性不同

---

① 热导率定义为单位截面、单位长度的材料在单位温差下和单位时间内直接传导的热量。
② 物体由于温度改变会发生胀缩现象，其变化能力以等压下，单位温度变化所导致的长度量值的变化，即热膨胀系数来表示。
③ 各向异性是指物质的某些物理化学等性能随着方向的改变而有所变化，在不同的方向上呈现出差异性。

缺陷密度和边缘粗糙度等密切相关。在室温以上，石墨烯的热导率随着温度的增加而逐渐减小。此外，随着层数的增加，石墨烯的热导率逐渐下降。

除了热导率外，对石墨烯热膨胀系数的研究在实验、模拟、理论等方面也取得了一定进展。与一般材料相比，单层石墨烯的热变形更有特点，在特定的温度范围内，石墨烯的热膨胀系数呈负值，即随着温度升高，石墨烯会产生热收缩。

未来计算机芯片的制造材料不仅要有优异的电学性能，还要能够承受生产过程中的压力和反复使用过程中产生的热量。石墨烯的载流子迁移率[①]是硅的 100 倍，热导率更是超过硅数百倍，为新一代计算机的诞生提供了可能（见图 1-17）。

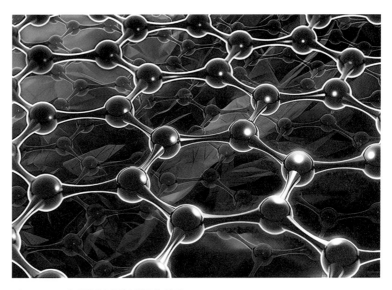

图 1-17 石墨烯具有极好的导热性能

---

① 载流子迁移率是指在单位电场作用下，载流子因为电场的关系而运动的平均速率。电子及电子流失留下的空位（空穴）均被视为载流子。

提示与启发 导电性和电子运动速率有什么关系？

拓展知识 石墨烯的导热性为什么那么好？

家族

虽然石墨烯本身具有令人赞叹的优异性质，但纯石墨烯还需要经过一定的化学修饰才能适应广泛的应用场景，如氧化石墨烯、氢化石墨烯、氟化石墨烯和磺化石墨烯等，它们共同组成了石墨烯家族。

氧化石墨烯：淡妆浓抹总相宜

氧化石墨烯的结构、制备与应用

氧化石墨烯是石墨烯的"氧化物"，是石墨烯重要的衍生物之一，它的结构与石墨烯大体相同，但由于其形成需要氧化过程，因而较石墨烯含氧官能团更多，性质更活泼。

制备石墨烯的方法主要有微机械剥离法、化学气相沉积法、晶体外延生长法、有机合成法、化学氧化还原法等。在制备石墨烯的众多方法中，化学氧化还原法——通过还原"氧化石墨烯"来制得石墨烯，是大规模合成石墨烯的重要途径。另外，氧化石墨烯中分布着很多亲水基团[①]，因此拥有良好的亲水性和在水溶液中的分散性，并且能够通过化学改性来实现更广泛的应用（见图 1-18 ）。

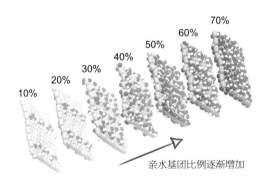

亲水基团比例逐渐增加

图 1-18　氧化石墨烯具有良好亲水性

---

① 亲水基团又称疏油基团，具有溶于水或容易与水亲和的原子团，易吸引水分子或溶解于水，具有这类官能团的表面易被水润湿。

　　氧化石墨烯主要是通过氧化剥离石墨制得的，具体是将鳞片石墨加入含有强氧化性的高浓酸中氧化制得氧化石墨，再通过在石墨层片间引入官能团增大层间距，进而削弱层间的相互作用，最后经剥离分散，得到氧化石墨烯。早在 1859 年，英国化学家本杰明·布罗迪（Benjamin Brodie）就研究了石墨在硝酸环境下与氯酸钾的反应，但由于当时实验技术比较落后，布罗迪没能获得氧化石墨烯的具体结构信息。后来，研究者们提出了氧化石墨烯的多种可能的结构（见图 1-19）。

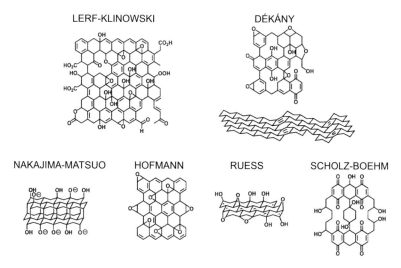

图 1-19　氧化石墨烯的结构模型

　　总的来说，制备氧化石墨烯的方法主要有 3 种：一是 Hummers 法，二是 Brodie 法，三是 Staudenmaier 法。这 3 种方法的原理类似，均采用无机强质子酸（如浓硫酸、发烟硝酸或两者的混合物）处理原始的石墨粉体原料，使得强酸小分子进入石墨层间，而后采用强氧化剂（如高锰酸钾、高氯酸钾等）氧化。这 3 种方法相比，Staudemaier 法得到的氧化石墨的层结构受到的破坏较严重，原因是采用浓硫酸和发烟硝酸的混合酸处理了石墨，而 Hummers 法则具有很高的安全性，且可得到带有褶皱的氧化石墨的片层结构，并含有丰富的含氧基团，在水溶液中的分散性较好。目前，改进的 Hummers 法常用来制备氧化石墨烯。

除了用于批量制备石墨烯，氧化石墨稀在水或其他溶剂中良好的分散性，使其能均匀地涂覆在基板上形成膜或网络结构。因此，氧化石墨烯在微电子领域有极好的应用前景。氧化石墨稀还可以用来与高分子材料复合，制备高分子材料 / 氧化石墨稀功能性纳米复合材料，极大地提高材料的力学、热学和电学性能，如氧化石墨烯纸就具有良好的力学、电学性能与热稳定性。总的来说，氧化石墨烯是应用前景广阔的一种材料（见图 1-20）。

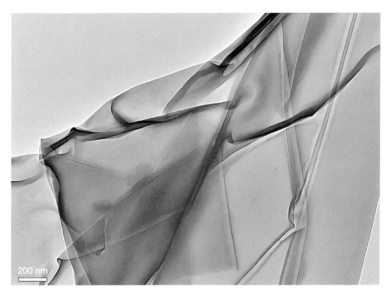

图 1-20　高倍电子显微镜下的氧化石墨烯

提示与启发　　为什么氧化石墨烯很重要?

拓展知识　　为什么氧化石墨烯具有很好的亲水性?

氟化石墨烯：氟化弄清影

氟化石墨烯的结构、制备与应用

氟具有极强的电负性[①]，也具有极强的氧化性，因此氟元素易与其他元素结合形成化学键。氟化石墨烯也是石墨烯家族中重要的一员。在结构上，氟化石墨烯的部分或全部碳原子连接着氟原子。氟化石墨烯最早于 2010 年由拉胡尔·奈尔（Rahul Nair）制备而得。与石墨烯的制备方法类似，氟化石墨烯最初是通过化学或机械剥离氟化石墨制备获得。氟化石墨是碳和氟直接反应生成的一种石墨层间化合物，碳、氟原子以碳－氟键结合，分子偶极距[②]很小，这导致氟化石墨的层间作用力非常小，具有优异的润滑性能。事实上氟化石墨作为润滑剂已有近百年的历史。

氟化石墨烯作为石墨烯衍生物，既具有石墨烯的高强度特点，又因氟原子的引入带来了表面能降低、疏水性增强等新颖的物理化学性能。氟化石墨烯具有极强的化学惰性，层间距比氟化石墨更大，在恶劣环境下显示出优异的润滑性能。如图 1-21 所示，研究者们发现氟化石墨烯可作为润滑油添加剂来增强润滑油的减摩、抗磨性能，也可作为基本单元组装成润滑薄膜，且氟含量越高，减摩、抗磨性能越好。

[①] 电负性是元素的原子在化合物中吸引电子的能力的标度。
[②] 偶极距是正、负电荷中心间的距离和电荷中心所带电量的乘积。

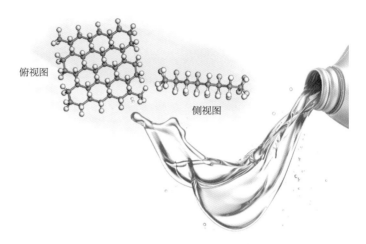

俯视图

侧视图

图 1-21　含氟化石墨烯的润滑油示意（蓝色为氟原子，灰色为碳原子）

　　目前，氟化石墨烯的制备方法包括剥离氟化石墨等物理法，以及将石墨烯直接氟化、将氧化石墨烯氟化等化学法。物理法对氟化石墨原料有较高的要求，需要进一步优化石墨的氟化工艺。而对于化学法，由于氟是一种高度活跃的元素，几乎与所有物质都能发生反应，要完全氟化石墨烯且不损坏石墨烯，难度较大。总而言之，制备氟化石墨烯并非易事。图 1-22 展示了在氯仿和超声作用下通过剥离氟化石墨来制备氟化石墨烯的方法。

氯仿

超声处理

氟化石墨

氟化石墨烯

图 1-22　氟化石墨烯的制备方法

　　此外，与导热性、导电性都极强的石墨烯不同，氟化石墨烯以高阻抗、高绝热而闻名。400 ℃的高温下，氟化石墨烯在空气中能稳定存在，这一特点与"塑料王"聚四氟乙烯类似（见图1-23），因此氟化石墨烯又被称为二维的聚四氟乙烯。氟化石墨烯的惰性、热稳定性及高阻抗和绝热性使其在半导体电子领域具有广阔的应用空间。氟化石墨烯为什么具有很强的热稳定性和抗氧化性呢？这仍要归功于氟化石墨烯中的碳－氟键，部分取代了石墨烯原有的 sp^2 杂化，构成了全新的以共价键结合的二维平面网络结构。

总之，氟化石墨烯耐高温、耐腐蚀、耐摩擦、化学性质稳定、润滑性优异，可广泛用于高温涂层、抗磨润滑涂层以及耐腐蚀涂层，在纳米电子器件、光电子器件及热电装置等领域具有潜在的应用前景。

（图片来源：pbplastics官网）

图 1-23　聚四氟乙烯制品

提示与启发　氟化石墨烯的制备方法与石墨烯有何相似之处？

拓展知识　氟化石墨烯为什么具有良好的润滑效果？

第 2 章　制备石墨烯

物理法

物理法制备石墨烯的思路大多是以石墨为原材料，通过各种手段破坏石墨层片间的范德瓦耳斯力，将石墨剥离，获得单层或者少层石墨烯。下面将逐一介绍各种物理法制备石墨烯的原理及优缺点。

微机械剥离：粘出来的单原子层

石墨烯层片间的结合力主要为范德瓦耳斯力

微机械剥离法是最早用于制备石墨烯的方法，由曼彻斯特大学的安德烈·海姆（Andre Geim）和康斯坦丁·诺沃肖洛夫（Konstantin Novoselov）发明。微机械剥离法能成功制备石墨烯的原因在于：石墨烯层片间是以较弱的范德瓦耳斯力结合，仅需要施加外力就能将其直接从石墨上撕下来。这种制备方法看似简单，却并不容易。早在 20 世纪初，就已有研究者提出石墨烯的概念，但是大多与石墨烯相关的研究都是基于理论的，直到微机械剥离法的出现才真正将石墨烯制备出来，因此该方法对于石墨烯研究的发展具有里程碑式的意义。

微机械剥离法制备石墨烯的过程如图 2-1 所示。首先准备一片高定向热解石墨，将透明胶带粘至石墨表面，然后撕开胶带，再利用胶带间的粘贴转移，不断减小石墨的层数。经过几十次反复操作后，将胶带粘至二氧化硅基底，取下胶带后便可在二氧化硅基底上获得单层石墨烯和少层石墨烯。该方法操作简单，能够制备出尺寸在几十到几百微米左右、晶体结构完整的单层石墨烯，且基本无任何缺陷。

通过优化微机械剥离法，先扩大少层石墨烯区域的面积，再用胶带剥离，可以进一步增大单层石墨烯的面积（见图 2-2）。尽管如此，与其他制备方法相比，微机械剥离法很难制备大尺寸的单层石墨烯，利用该方法大量生产石墨烯难度极大，也很难满足大规模的工业化需求。但微机械剥离法制备的石墨烯质量极高，物理学家们常使用该方法制备的石墨烯进行基础研究。

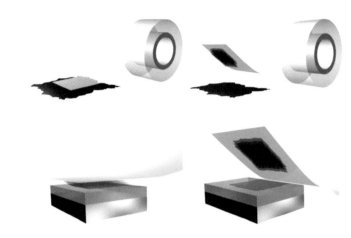

图 2-1　微机械剥离法示意

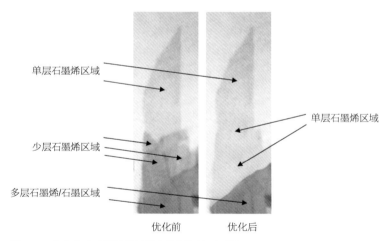

图 2-2　优化前后采用微机械剥离法制备的石墨烯

提示与启发　为什么利用胶带能将石墨烯从石墨上剥离？

拓展知识　微机械剥离法能实现石墨烯的规模化制备吗？

液相剥离：液相中的分离术

通过超声等手段破坏石墨层片间的范德瓦耳斯力

石墨可以看作多层石墨烯通过范德瓦耳斯力逐层黏结而成的，层间距约为 0.34 nm。虽然范德瓦耳斯力较弱，但想要将石墨完整剥离成单层石墨烯，仍然具有很大的挑战性。为了成功剥离石墨烯，克服石墨层片间的范德瓦耳斯力是先决条件。液相剥离法是将石墨或膨胀石墨置于特定溶剂中，通过超声等手段破坏石墨层片间的范德瓦耳斯力，使溶剂分子进入石墨层片间，从而剥离出单层和少层石墨烯（见图 2-3）。液相剥离法制备的石墨烯分散于溶剂中，可在多种环境的不同基底上沉积，且工艺简单，对石墨烯及其衍生物的推广和应用具有重要的推动作用。2008 年，耶尼·埃尔南德斯（Yenny Hernandez）等人首次用该方法制备出高质量的单层和少层石墨烯。但该方法得到的石墨烯产率较低，其中单层石墨烯仅占 1% 左右。

液相剥离法制备的石墨烯纳米片尺寸仍然较小。单层和少层石墨烯的产率和尺寸都仍存在较大的优化空间。首先，可优化分散液中的溶剂。当溶剂的表面能和石墨烯相匹配时（为 $40 \sim 50$ mJ·m^{-2}），剥离效果较好。也有研究者将石墨直接分散在邻二甲苯中，再利用超声作用成功获得了单层石墨烯。随后，又有很多研究者陆续尝试使用其他溶剂对石墨烯进行液相剥离，例如四氢呋喃、二甲亚砜邻二氯苯、N- 甲基 -2- 吡咯烷酮等，最终发现四氢呋喃和 N- 甲基 -2- 吡咯烷酮是液相剥离法制备石墨烯的理想溶剂。

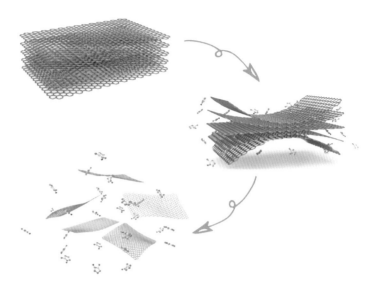

图 2-3 液相剥离法制备石墨烯的流程

　　液相剥离法所使用的分散液浓度高，分散体系较为稳定，具有成本低、易操作等优点。在剥离过程中，石墨烯的结构保持得较为完整，几乎没有引入缺陷，产物质量较高。但该方法仍然存在很多问题，如溶剂不易挥发、沸点较高，后续很难去除；石墨烯分散液的浓度相对较低（小于 $1\ mg \cdot mL^{-1}$）、产量低；石墨烯尺寸小等。针对这些问题，一般可以通过添加无机盐、有机盐等辅助剂或增加超声处理时间，以获得更好的剥离效果。

提示与启发　溶剂对石墨烯的液相剥离有哪些影响？

拓展知识　液相剥离法制备石墨烯有哪些优缺点？

气相剥离：一气呵成

通过超临界气相在石墨层片之间插层来剥离石墨烯

气相剥离法和液相剥离法的原理基本一致，主要是通过超临界流体在石墨层片之间插层[①]来剥离石墨烯。超临界流体是指温度及压力均处于临界点以上的流体。在超临界流体中，液体与气体的分界消失，其物理性质兼具液体与气体的性质，如密度比气体大 2 个数量级，接近液体的密度；黏度比液体小，但扩散速度比液体高约 2 个数量级，有较好的流动性和传质性。同时，超临界流体也具有区别于气体和液体的特点：在临界点附近，流体的密度对温度和压力十分敏感，尤其是压力，微小的压力变化就能使流体的密度发生巨大的改变，从而导致流体的多项性质（如黏度、介电常数、扩散系数和溶解能力）产生巨大改变。因此，通过调节压力和温度可以控制超临界流体的物理化学性质。

这里主要介绍利用超临界二氧化碳对天然石墨进行剥离来生产少层石墨烯的方法。天然石墨是片层结构，超临界二氧化碳的高分散性和强渗透能力使其易于进入石墨层间，形成插层结构。当快速降压时，超临界二氧化碳发生显著膨胀，释放大量能量克服石墨层间作用力，得到单层和少层石墨烯。在众多超临界流体中，超临界二氧化碳

---

① 由于分子间作用力较弱，在一定条件下，一些极性分子可以通过吸附、插入、夹入、悬挂、柱撑、嵌入等方式破坏分子间力，进入层状化合物的层间而不破坏其层状结构，这一过程称为插层。

在实际生产和研究过程中使用得很多，这是因为超临界二氧化碳除了具有高分散性和强渗透能力外，还具有较低的临界温度（304.1 K）和临界压力（7.38 MPa），且化学性质不活泼、无毒、无臭、无味，成本适中，可以反复利用。

利用超临界二氧化碳制备石墨烯的过程如下：首先将一定质量的石墨放置在高压容器中。然后向容器中通入二氧化碳，增加压力。接着加热容器，使容器内温度保持在 45 ℃。最后将石墨在超临界二氧化碳中浸泡 30 min。在浸泡过程中，超临界二氧化碳由于具有低黏度、高扩散率和小分子尺寸的特性，会在石墨层间扩散。在容器的快速减压过程中，超临界二氧化碳在层间的膨胀会使插层石墨剥离或分层，从而获得石墨烯（见图 2-4）。该方法获得的石墨烯的形貌如图 2-5 所示。与其他溶剂相比，超临界二氧化碳制备石墨烯的主要优点在于，通过减压即可很容易地获得高纯度石墨烯，使得超临界二氧

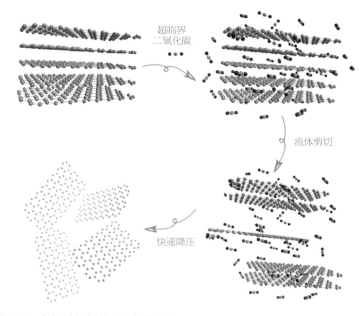

图 2-4　气相剥离法制备石墨烯的流程

图 2-5　气相剥离法制备的少层石墨烯纳米片

化碳可以返回气相蒸发，而不留下溶剂残留。为了避免因范德瓦耳斯力导致的聚集，需要将剥离的石墨烯纳米片分散在十二烷基硫酸钠溶液中。

　　与液相剥离法相比，尽管气相剥离法会在一定程度上减少溶剂的残留，并且该方法制备的石墨烯薄膜的尺寸也有所增加，但仍存在尺寸较小、石墨烯层数不可控等缺点。

提示与启发　　气相剥离法和液相剥离法之间有何异同？

拓展知识　　还有哪些超临界流体可用于气相剥离法制备石墨烯？

印章转移：不差毫厘

利用印章的剪切应力剥离石墨烯

除了大面积石墨烯的制备外，在特定区域制备出所需的石墨烯也是石墨烯制备中的一大难点。要实现精准区域的石墨烯制备，对制备精度有很高的要求，印章转移法则可满足这一要求。印章转移法的原理和微机械剥离法类似，都是利用外力破坏石墨烯层间的范德瓦耳斯力，不过与微机械剥离法相比，印章转移法操作简单，制备时间较短，可以精确控制石墨烯的转移位置。印章转移法主要是利用印章上的转移层从石墨上剥离出石墨烯，再借助衬底上的固定层从印章上转移石墨烯，这便要求固定层与石墨烯间的结合力大于转移层与石墨烯间的结合力以及石墨烯层片间的结合力。需要注意的是，不同的转移层和固定层分别会影响石墨烯在印章和衬底上的黏附情况。印章转移法制备石墨烯的流程如图 2-6 所示。

在制备时，首先在印章凸起处涂抹一层树脂，将凸起的印章压入石墨基板。然后利用印章边缘所产生的剪切应力将石墨烯从石墨上剥离下来。利用光学显微镜观察贴在印章凸起处的石墨烯薄片。如果石墨烯是完整、连续的，则将石墨烯转移到另一基底上以供进一步研究。

印章转移法剥离的石墨烯可用于制作高精密电子器件。例如，当在整个晶圆的所有所需区域都放置石墨烯后，即可获得具有良好传输性能的场效应晶体管。该方法有望应用于大型晶圆上石墨烯集成电路

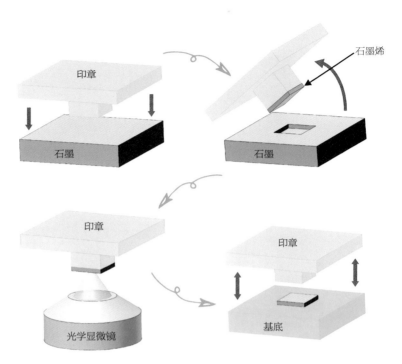

图 2-6　印章转移法制备石墨烯的流程

的构建。但印章转移法剥离下来的石墨烯大多数为多层，几乎很难获得单层石墨烯，这也是该方法的一个不可忽视的缺点。此外，印章转移法制备的高质量石墨烯通常只能用于实验室做基础研究，并不能进行大规模制备。

　　综上，物理法继承了"机械剥离"的思路，所制备的石墨烯具有较高的晶化程度，但尺寸受限于原材料石墨，产率有待进一步提升。

提示与启发　　印章转移法和微机械剥离法有何异同?

拓展知识　　印章转移法中的转移层和固定层分别由什么材料制成?

化学法

化学法是目前大多数实验室制备石墨烯的主要方法。化学法主要包括外延生长法、化学气相沉积法、电化学法、氧化还原法和闪速焦耳法。

外延生长：平面上的演化

碳化硅具有单晶的结构特性

所谓外延生长法，是指在同一个晶格^①结构上通过晶格匹配生长出另一种晶体的方法。与其他制备方法相比，外延生长法是有可能获得大面积、高质量石墨烯的制备方法。外延生长法所获得的石墨烯具有较好的均一性，且与当前的集成电路技术有很好的兼容性。根据所选基底材料的不同，外延生长法包括碳化硅外延生长法和金属催化外延生长法。

早在 20 世纪 90 年代，人们就已发现将碳化硅单晶加热至一定温度后，会发生石墨化现象。碳化硅外延生长法的原理是在高温下加热碳化硅晶体，然后利用氢气对碳化硅表面的刻蚀作用进行平整化处理，使其表面呈现出具有原子级平整度的台阶阵列形貌。随后在超高真空环境下，将基底加热至 1400 ℃以上，使晶体表面的硅原子蒸发出来，剩下的碳原子再进行重构，形成石墨烯（见图 2-7）。

目前，常用的生长基底主要包括 4H-SiC 和 6H-SiC^②单晶基底。例如，以 6H-SiC 单晶为基底，利用氢气对其进行刻蚀处理，在 1250 ～ 1450 ℃下生长 1 ～ 20 min 后将温度降至常温，即可在单晶硅表面获得单层和少层石墨烯。碳化硅表面生长的石墨烯的形貌是连续且均匀的。

---

① 晶体内部原子是按一定规律排列的。为了便于理解，可以将原子简化为一个点，用假想的线将这些点连接起来，构成有规律性的空间格架。这种表示原子在晶体中排列规律的空间格架称为晶格。
② 4H-SiC 和 6H-SiC 是两种不同结构的碳化硅。

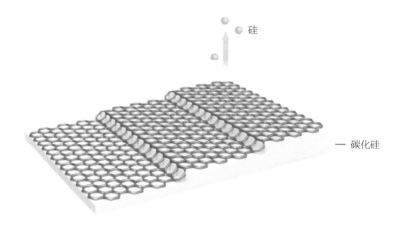

图2-7　碳化硅外延生长法制备石墨烯的原理

　　碳化硅外延生长法制备石墨烯的影响因素主要包括衬底材料、温度、气压等。前期可以通过对衬底进行处理来消除衬底的结构缺陷对石墨烯生长过程的影响。中期可以通过对温度的控制，调节硅的升华速率，控制石墨烯结构的重组过程。石墨烯的层数也主要取决于生长温度。温度过高，则会使碳化硅表面硅原子"分散—扩散—再吸收"的进程加快，不利于控制石墨烯的均匀性和一致性。

　　除了常用的单晶硅外，研究者们也在尝试通过金属外延生长法制备石墨烯，常用的单晶有铱、钌、钴、镍等。与碳化硅外延生长法相比，采用金属外延生长法制备石墨烯时，可通过化学腐蚀去掉金属基底，具有易于转移的优点。

提示与启发　生长温度对碳化硅外延生长法制备石墨烯有什么影响？
拓展知识　碳化硅外延生长法和金属外延生长法的制备原理有何异同？

化学气相沉积：工业化的利器

化学气相沉积法最早出现于 20 世纪 60 年代，主要用于制备高纯度、高性能的固体薄膜。化学气相沉积法也是大规模制备石墨烯的主要方法，其原理是在高温下通入气态、液态或者固态碳源，这些碳源经金属基底催化热解后再沉积在基底上形成石墨烯薄膜。金属基底自身的催化活性及其对碳的溶解度不同，都会影响所生长的石墨烯的质量（见图 2-8）。

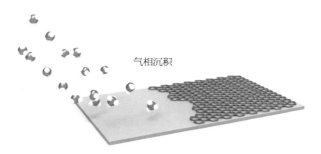

气相沉积

图 2-8　化学气相沉积法制备石墨烯的原理

目前来说，最理想的用于化学气相沉积法制备石墨烯的金属基底是铜。该方法最早在 2009 年由李雪松等人提出。该方法以铜作为生长基底，以甲烷作为碳源并通入氢气，在 1000 ℃的高温下在铜上制备了大面积高质量的石墨烯薄膜，其中单层覆盖率高于 95%。在铜上制备石墨烯后，利用聚甲基丙烯酸甲酯可将石墨烯转移至硅基底上，转移后的石墨烯如图 2-9 所示，不同颜色的区域代表不同的层数，大部分为1层（红色），极少区域出现2层（蓝色）或3层（绿色）石墨烯片。这是因为铜表面长满石墨烯后，铜基底失去了催化活性，甲烷难以进一步裂解，因此趋向于单层生长。

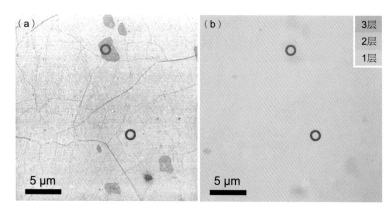

图2-9　不同层数石墨烯的微观图像
（a）扫描电子显微镜图像；（b）光学显微镜图像

尽管在铜基底上能够制备大面积的单层石墨烯，但实际上石墨烯的质量还有很大的优化空间。随着研究的深入，研究者们发现石墨烯薄膜中的某些不可避免的缺陷会极大地影响器件的性能，这些缺陷包括石墨烯的晶界[①]、褶皱、多层点等。为了克服这些缺陷，研究者们提出了多种生长策略。

除了石墨烯薄膜外，石墨烯大单晶的制备一直以来是石墨烯制备领域的研究热点。石墨烯大单晶的主要制备方法有两种，第一种是直接在铜上生长单核的大单晶，目前最大的单核单晶是在铜镍合金上制备得到的，其尺寸最大可达厘米级。但单晶尺寸想要进一步增大则比较困难，其中晶核[②]数量的控制是最大的难点。另一种方法如图2-10所示，先利用热退火方式将多晶铜退火成（111）取向的单晶铜，然后

---

① 晶界是结构相同而取向不同的晶粒之间的界面。晶粒指组成多晶体的外形不规则的小晶体。
② 晶核为晶体的生长中心。

再利用常规的化学气相沉积法制备石墨烯，最后得到的多核石墨烯的晶粒取向都是一致的，可以看作大面积的单晶石墨烯薄膜。

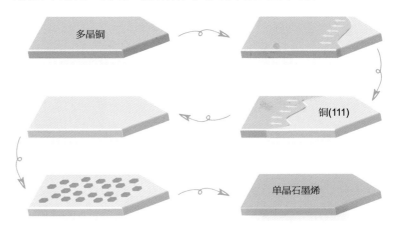

图 2-10　化学气相沉积法生长大面积单晶石墨烯的机理

如何生长无任何多层点的大面积单层石墨烯也是研究热点之一。在常规的化学气相沉积法制备石墨烯的过程中，总会不可避免地出现石墨烯多层点，这些多层点会降低单层石墨烯的电学性能。在之前的研究中，石墨烯多层点的生长主要是由于额外碳源的扩散导致的。因此切断额外碳源的扩散路径是生长无任何多层点的全单层石墨烯的关键。2019 年，研究者们提出了一种在悬空放置的铜基底上生长石墨烯的方法，结果如图 2-11 所示。通过有效抑制额外碳源的扩散，可制备大面积的单层石墨烯薄膜，为后续工业化生长高质量单层石墨烯提供了一种思路。

此外，尽管化学气相沉积法制备石墨烯的发展迄今已逾十年，但该方法制备的石墨烯的质量往往不如胶带剥离法获得的石墨烯。究其原因，化学气相沉积法制备的石墨烯中的褶皱是制约其物理化学性能的重要瓶颈，而褶皱主要来源于石墨烯与生长基底的热膨胀系数的差异。在铜或铂等基底上生长石墨烯时，温度大多在 600 ℃以上，生长完成后降至室温，便会引起石墨烯的褶皱。褶皱的存在会影响石墨烯

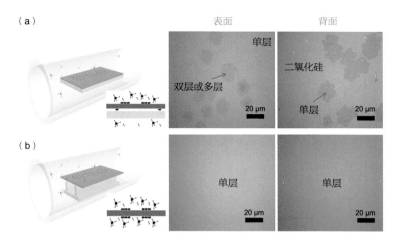

图 2-11　不同放置位置的铜基底对石墨烯生长的影响
（a）铜基底紧贴管壁放置；（b）铜基底悬空于管壁放置

的特性，因此，如何彻底消除褶皱并制备出超平滑的石墨烯薄膜，已成为提升石墨烯品质的重点和难点。研究者们采用氢等离子体①处理褶皱化的石墨烯薄膜，并辅以高温，可逐步减弱并彻底消除石墨烯褶皱。通过多次对比实验的反复论证，最终发现消除褶皱才最有可能获得均质化、高品质、大尺寸的石墨烯。

　　总而言之，在化学气相沉积法制备石墨烯的过程中，基底类型、生长温度和气体流量等参数对工艺参数（如生长速率、产物厚度和面积等）具有很大的影响。化学气相沉积法的优点在于可以制备高质量的石墨烯薄膜，缺点在于量产、转移等成本较高，工艺条件还需进一步完善。目前，实验室中化学气相沉积法制备石墨烯的技术已经相当成熟，相信在不久的未来，化学气相沉积法可以用于大面积高质量石墨烯薄膜的工业化、规模化可控制备。

———————

① 气体被电离（即原子、分子形成离子）后，成为电子和离子的混合物，即为等离子体。

提示与启发　　化学气相沉积法制备的石墨烯存在哪些类型的缺陷？

拓展知识　　在生长多层石墨烯时，碳源的扩散路径主要有哪些？

电化学：石墨电离

以石墨为电极制备石墨烯

在过去的几年中，电化学法作为一种能够实现大规模制备石墨烯的方法而备受关注。该方法的工作原理为：以石墨为工作电极，通过电解质和电流使石墨电极的结构发生膨胀，从而减弱石墨层间的范德瓦耳斯力，最终剥离出单层或少层石墨烯。通过控制实验条件（如电压、电流、处理时间及电解质组成），可获得具有不同缺陷密度、氧含量、层数和横向尺寸的石墨烯。此外，电化学剥离过程还可以与小分子发生反应或与其他纳米材料的合成相结合，实现石墨烯中的化学掺杂[①]（官能化），从而获得各种石墨烯复合材料。

图 2-12 介绍了电化学法制备石墨烯的原理。制备时采用石墨作阳极，铂作阴极，分别用硫酸铵、硫酸钠、硫酸及氢氧化钠溶液作电解液，控制石墨与铂电极之间的距离约为 2 cm。在制备过程中，通过石墨电极持续（3 h）施加 6.5 V 的电压，石墨被逐渐剥离。待剥离完成后，用去离子水洗涤数次，最后再对石墨烯产物进行超声分散处理。

在电化学剥离石墨烯的过程中，石墨除了作为阳极还可以作为阴极。石墨为阳极时，主要利用电解液中的阴离子对石墨层片进行插层处理，从而剥离出石墨烯。而石墨为阴极时，则利用电解液中的阳离

---

① 掺杂是指为了改善材料或物质的性能，在其中掺入少量其他元素或化合物。

子对石墨层片进行插层处理，从而剥离出石墨烯。石墨为阳极或阴极各有优劣，石墨为阳极时，石墨膨胀和剥落的速度相对较快，但当阳极电位较高时，电解液中还会产生活性自由基（羟基和氧自由基），使剥落的石墨烯带有含氧基团，从而影响石墨烯的质量。石墨为阴极时，石墨膨胀和剥落的速度相对较慢，因此可避免电解液中氧化基团的负面影响。此外，在电化学法制备石墨烯的过程中，电解液的种类及其浓度、电流、电压都会影响石墨烯的质量。电化学法制备石墨烯是一种较为安全、成本较低的方法，且操作简单，但与机械剥离法相比，产物质量还有待提高。

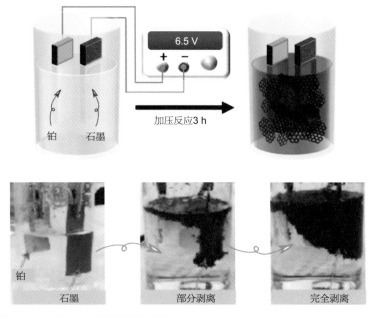

图 2-12　电化学法剥离石墨烯的原理

提示与启发　在电化学法制备石墨烯过程中，石墨作为阳极和阴极的原理是否一样？

拓展知识　电化学法制备石墨烯是物理剥离还是化学剥离？

氧化还原：欲扬先抑

主要用于制备石墨烯粉体或分散液

氧化还原法制备石墨烯的过程如下：首先对石墨进行氧化，即天然石墨与强酸和强氧化性物质反应生成氧化石墨；然后利用超声分散法对氧化石墨进行剥离，得到氧化石墨烯；再对氧化石墨烯进行还原处理，即利用强还原剂除去氧化石墨烯表面的含氧官能团，即可得到还原氧化石墨烯（见图 2-13）。氧化还原法被提出后，以其简单易行的工艺成为实验室制备石墨烯的最简便的方法，得到广大研究者的青睐。

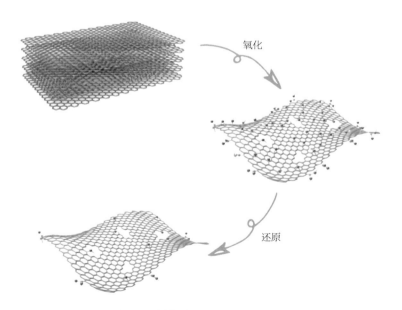

氧化

还原

图 2-13　氧化还原法制备石墨烯的原理

在氧化阶段，第 1 章提到 Hummers 法、Brodie 法和 Staudenmaier 法 3 种方法，其中最常用的是改进的 Hummers 法。改进方式主要包括调节氧化剂 / 石墨的质量比、控制石墨的氧化程度和深度等。

在剥离阶段，主要有两种剥离方式：热解膨胀剥离和超声波分散。热解膨胀剥离是对氧化石墨烯进行加热，由于氧化石墨烯中含氧基团的存在，受热后产生二氧化碳和水蒸气，促使氧化石墨烯的层与层之间分离，从而得到氧化石墨烯。超声波分散是利用超声波冲击，产生微小气泡，利用气泡产生的力来剥离氧化石墨烯，从而得到氧化石墨烯片。

由于氧化石墨烯中存在的含氧官能团破坏了大 π 共轭键，导致其导电性能大幅度下降，甚至转变为绝缘体。因此，为了恢复石墨烯良好的导电性，在还原阶段需要去除氧化石墨烯的含氧官能团，修补缺陷，恢复其共轭结构，以得到完美的石墨烯。还原的方式主要有 3 类：第 1 类是使用化学还原剂（水合肼、硼氢化钠、氢气、氨气、维生素 C 等）直接还原氧化石墨烯；第 2 类是高温加热还原，通过将氧化石墨烯在惰性气氛下加热到 1000 ℃以上，使其官能团分解、释放出二氧化碳和水，将层间距撑开，达到将氧化石墨烯还原并将其剥离成单层的目的；第 3 类是催化还原法，如在二氧化钛和紫外光照的作用下进行还原。此外，还有微波还原法、电化学还原法、溶剂热还原法等。

例如，图 2-14 是在咖啡酸作用下制备的还原氧化石墨烯的形貌。图 2-15 对比了还原前后，氧化石墨烯和还原氧化石墨烯层片的厚度。在还原前，由于官能团的存在，氧化石墨烯层片的厚度约为 1.1 nm。经 24 h 咖啡酸还原后，部分官能团消失，还原氧化石墨烯层片的厚度降至约 0.8 nm。

总而言之，氧化还原法的优点在于可以制备稳定的石墨烯分散液，解决石墨烯难以分散在溶剂中的问题。氧化还原法的缺点在于宏量制备容易带来废液污染，且所制备的石墨烯存在一定的缺陷（如五元环、七元环、羟基基团等），使其应用受到限制。

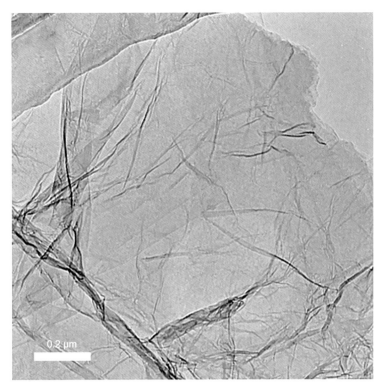

图 2-14　还原氧化石墨烯的形貌

提示与启发　氧化石墨烯的制备原理和流程是什么？

拓展知识　剥离氧化石墨烯有哪些方法？氧化石墨烯表面有哪些基团？

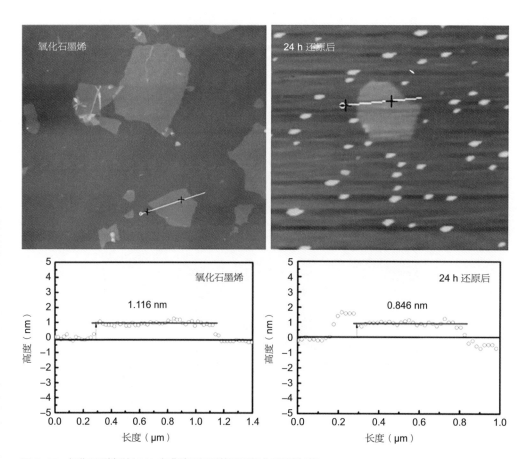

图 2-15　氧化石墨烯及经 24 h 咖啡酸还原后的还原氧化石墨烯对比

闪速焦耳：变废为宝

在极短时间内制备石墨烯粉体

石墨烯粉体的制备方法一直以化学法为主。2020 年，研究者们提出了一种能在极短时间内制备石墨烯粉体的方法——闪速焦耳法。该方法利用电容的超大功率放电的特性，对含碳原料进行加热，在 100 ms 的时间内即可将原料的温度提升至 3000 K 以上，使其碳化形成石墨烯粉体，放电后又能在极短的时间内降至室温。该方法制备 1 g 石墨烯只需要 1 s。闪速焦耳法制备石墨烯的装置如图 2-16 所示。

图 2-16　闪速焦耳法制备石墨烯的装置

闪速焦耳法的设备由电容器、开关和反应室组成。制备时，在石英或陶瓷反应室中放入炭黑，利用电容器实现高压放电。整套设备的供电部分由 6 个并联的电容器组成，放电过程通过控制软件控制。将控制软件与断路器相连，控制断路器在 1 ms 内完成通电 / 断电。

在通电瞬间，电流高达 1000 A。除了部分能量以光的形式散发外，大部分能量转换为热能并被原料吸收，使其温度迅速上升进而发生分解碳化。反应瞬间会产生强光（见图 2-17），因此制备时为保护眼睛应佩戴深色保护镜。

图 2-17　闪速焦耳法制备石墨烯粉体的反应瞬间

闪速焦耳法制备石墨烯粉体的原料主要有木炭、蔗糖等，甚至生物炭、淀粉、白菜、椰子、马铃薯皮和混合塑料等含碳物质都能用来生产石墨烯粉体。此外，以废弃物作碳源，还可以减少二氧化碳的排放，且整个反应过程不使用溶剂，清洁环保。

提示与启发　闪速焦耳法为什么只能制备石墨烯粉体？

拓展知识　闪速焦耳法存在哪些安全问题需要注意？

第 3 章　感受石墨烯

"看"结构

对于肉眼来说，拥有极小厚度和极高透光率的石墨烯，薄透得几乎看不见。那么，如何"看"到石墨烯并判断它的存在？如何进一步"观察"石墨烯的原子结构？

基本形态：衬底与光源

通过设计衬底和光源可以轻松寻找到单层石墨烯

光学显微镜是观察石墨烯的基础仪器，观察的关键在于衬底和光源的选择。

（1）"看见"石墨烯——衬底的选择

物体会吸收、反射、折射照射在它表面的光线。被物体反射和折射的光线（可见光）进入人眼后，人们便可以看到物体并识别出物体不同的颜色。也就是说，物体能够影响光线传播的光路。人眼正是通过感知可见光，才能够看到大千世界里的各种事物。但是对于单原子层石墨烯，极高的可见光透过率意味着它对可见光的影响很小，哪怕通过放大倍数高达 1000 倍的光学显微镜也很难被看到和辨别。

诺贝尔物理学奖得主安德烈·海姆（Andre Geim）和康斯坦丁·诺沃肖洛夫（Konstantin Novoselov）等人经过不断探究和尝试，终于发现了可以使石墨烯在光学显微镜下"显形"的方法。该方法是在石墨烯下方增加一层透光率不高的衬底，即二氧化硅薄膜，薄膜的厚度控制在 100 ~ 300 nm。同时，在衬底之下还有一层较厚的硅片，该硅片的透光率也很低。在显微镜光源的照射下，覆盖着石墨烯的区域与未覆盖石墨烯的区域透光率不同，导致对比度不同，因此可以清楚地"看见"石墨烯。如图 3-1 所示，在白光光源下，不同层数的石墨烯在硅片（表面有 300 nm 厚的二氧化硅层）衬底上直观可见。这种"看见"石墨烯的方法可谓非常巧妙。

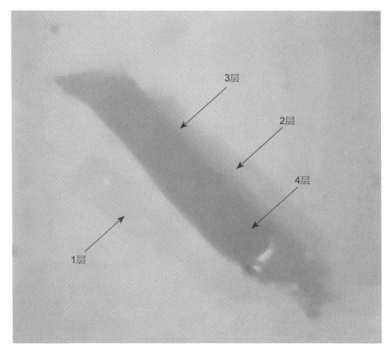

图 3-1　白光光源下，硅片上不同层数（1 层、2 层、3 层、4 层）的石墨烯样品的显微镜图像

（2）"看清"石墨烯——光源的选择

材料对光线的吸收、反射、折射行为，除了与物体的透光率等性质有关，还与光源的波长密切相关。所以在不同波长的单色光源照射下，衬底上石墨烯的衬度[①]存在巨大的差异。如图 3-2 所示，在波长分别为 470 nm、530 nm、590 nm、650 nm、710 nm 的单色光源下，同一片石墨烯的衬度发生了显著变化。其中，在波长为 470 nm 和 710 nm 的单色光源下，石墨烯成像较为模糊且边界不清晰。在波长为 650 nm 的单色光源下，石墨烯的成像效果与白光光源相差无几。而

---

① 衬度指图像上不同区域间存在的明暗程度的差异，也正是因为衬度的存在，我们才能看见各种具体的图像。

在 530 nm 和 590 nm 的单色光源下，可以清楚地看见不同层数的石墨烯堆叠在一起，且边界非常清晰。此外，通过选择合适波长的单色光源，也可以在其他衬底（比如氧化硅、氧化铝，甚至是高分子透明柔性基底等）上"看清"石墨烯。

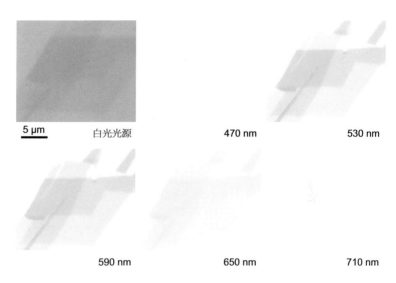

图 3-2　不同波长光源照射下同一片石墨烯的光学显微镜图像

总而言之，选择透光率不高的衬底，再搭配波长合适的单色光源作为显微镜的光源，就能够使原本肉眼几乎不可见的石墨烯"显形"。但要注意的是，这里我们只是借助光学效应"分辨"出石墨烯的形状和层数，仍然看不到石墨烯中的碳原子。

提示与启发　　为什么需要特定的衬底来"看见"单层石墨烯？

拓展知识　　可见光的波长范围是多少？

原子排列：妙用显微镜

原子级分辨率的工具观察内部结构

光学显微镜的分辨率受限于光的衍射效应，其分辨极限与光源的波长处于同一数量级（可见光的波长范围为 390 ~ 770 nm）。由第 1 章的介绍可知，在石墨烯的"蜂巢"结构中，最邻近的碳原子的间距约为 0.14 nm，而单层石墨烯的厚度约为 0.34 nm，均远小于光学显微镜的分辨极限。通常，如下几种方法可以实现原子级分辨率。

（1）用电子的衍射成像替代光的衍射成像，使用高分辨透射电子显微镜。

高分辨透射电子显微镜使用波长更小的电子束为光源（在 200 kV 加速电压下的电子束波长约为 0.03 nm），将光的衍射成像变成电子的衍射成像，用电磁场作为"透镜"，获得高分辨率。缺点是电子束的穿透力有限，样品需要达到纳米级厚度。对于附着于基底的石墨烯，制样时需要使用特殊方法减薄样品。

（2）利用金属探针和样品之间的量子隧穿效应[①]，使用扫描隧道显微镜。

扫描隧道显微镜的原理是当探针和样品表面的距离在 0.1 ~ 1 nm 的量级时，会发生量子隧穿效应，所以非常容易获得原子级分辨率。如图 3-3 所示，石墨烯的六角蜂巢结构在扫描隧道显微镜下清晰可

---

① 量子隧穿效应是一种量子特性，指电子等微观粒子能够穿过它们本来无法通过的"墙壁"的现象。

见。这种表征方法要求样品导电，并且需要引出电极用于电学信号的测量。所以，通常需要将石墨烯暴露在导电基底上，才能方便检测。

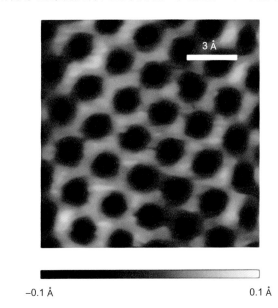

图 3-3　单层石墨烯的扫描隧道显微镜图像

（3）利用探针与样品之间的原子间相互作用力对探针高度的影响，使用原子力显微镜。

原子力显微镜的探针和样品表面存在原子间相互作用力，而相互作用力会影响探针高度。通过探针高度变化细节的反馈，可以得到样品表面形貌等信息。这种方法既不需要样品表面导电，也不需要特殊制样。但原子力显微镜的分辨率受环境（针尖状态、环境震动等）的影响较大，常用于分析石墨烯的厚度或层数。

提示与启发　石墨烯中最邻近的碳原子的间距是多少？

拓展知识　为什么扫描隧道显微镜和高分辨透射电子显微镜具有原子级分辨率？

为什么通过扫描隧道显微镜可以观察到碳原子与碳原子之间的化学键？

"听"声音

声音是由物体振动产生的声波，通过介质（空气、液体、固体）传播并能被听觉器官所感知。如果让悬浮的石墨烯薄膜以一定的频率振动起来，我们就有可能借助石墨烯听到美妙的音乐，甚至通过调控其谐振频率来实现高频信号的调制。

捕捉声波：同频共振

悬浮的石墨烯会发生振动，这种振动可被驱动和探测

2010 年的诺贝尔物理学奖报告中曾提出，假设存在一张和一根猫胡须一样重的石墨烯吊床（面积约 1 m^2，重约 1 mg），那么它将可以承载一只 4 kg 重的猫（见图 3-4）。也就是说，作为一种"超级材料"，石墨烯具有超高的弹性模量[①]（约 1 TPa），远大于橡胶的弹性模量（约几千兆帕）。石墨烯也具有超小的面密度（详见第 1 章的计算），仅为 0.76 $mg \cdot m^{-2}$。此外，在原子尺度的轻薄状态下，石墨烯仍能保持非常高的弹性响应，这意味着石墨烯可以具有超低的振动能量损耗和超高的环境敏感性，在纳米/微机电器件振动膜方面具有潜在的应用前景。

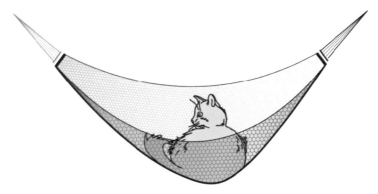

图 3-4　"石墨烯吊床"上的猫

---

① 弹性模量是指材料在弹性变形范围内，作用于材料的纵向应力与纵向应变之比。常指材料所受应力（如拉伸、压缩、弯曲、扭曲等）与产生的应变之比。

如何驱动和探测石墨烯薄膜的振动呢？将石墨烯悬空于金属电极上方，借助电容效应，通过施加电压在石墨烯上引入电荷。该电荷受到电场的库仑力作用，会使石墨烯发生弯曲。通过高频电学信号改变电压的大小和方向，就可以驱动石墨烯薄膜振动。当电学信号频率与石墨烯器件的本征频率^①一致时，薄膜振动达到最大的振幅，即达成谐振（共振），因而这样的器件也称为石墨烯谐振子。石墨烯的形变也会影响其导电性能，在达到谐振时，石墨烯的导电性能变化最剧烈。所以通过探测石墨烯谐振子的导电性能随驱动频率的变化情况，即可"听"（探测）到薄膜的振动频率。

谐振子的本征频率受石墨烯尺寸、表面附着质量和应力等因素影响。石墨烯谐振子具有超高的灵敏度，哪怕是由于一个分子的附着导致的谐振频率变化都可以被灵敏地探测到。此外，交流电压可以激发石墨烯的振动，在此基础上叠加直流电压可以改变石墨烯谐振子的平衡态，从而改变应力，影响器件的本征频率。像日常生活中常见的其他材料一样，石墨烯的体积也会随温度的变化而变化。这种变化也会导致谐振子本征频率的变化。但不同于大多数材料，石墨烯的热膨胀系数在常温和更低温的情况下是负数（温度的降低会引起石墨烯的膨胀）。

除了电学方法，还可以用光学方法激发并探测石墨烯薄膜的振动。利用激光的热效应可以在悬浮着的石墨烯薄膜器件中引入谐振。此外，通过探测激光在由石墨烯和金属电极组成的光学微腔的共振行为，可以精准测量石墨烯薄膜相对于金属电极的位移。

基于上述原理，研究者们制备了如图3-5所示的圆形悬浮石墨烯谐振器件，通过激光干涉的方法观测到3种不同频率的振动模式。这3种不同的振动模式之间可以通过电学方法相互转换。通过对悬浮

---

① 本征频率是物体的特征频率、固有频率。

石墨烯谐振器件的设计、调控和联用，有望实现以石墨烯为基础的调频、混频等机械谐振器件的应用。设想一下，如果将耳机振膜更换为石墨烯薄膜，是不是会有更震撼的听觉体验？

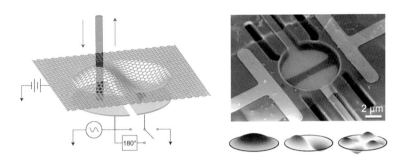

图 3-5 圆形悬浮石墨烯谐振器件和该器件所允许的 3 种振动模式示意

提示与启发　为什么当驱动频率与石墨烯的本征频率一致时，会发生谐振？

拓展知识　生活中的谐振现象有哪些？

"量"尺寸

石墨烯是只有一个原子厚的薄膜材料，需要用什么样的
"尺子"才能测量它的厚度？不同的检测方法对检测结
果会产生怎样的影响？

真实厚度：定性与定量

光学显微镜和原子力显微镜的作用

前文描述了通过设计衬底或者改变光源波长来优化石墨烯与其周围衬底的光学对比度，从而能借助光学显微镜观察单层和多层石墨烯的方法。由于不同层数的石墨烯对光的吸收和反射不同，因此可以通过石墨烯颜色的差异定性评估石墨烯的厚度。

石墨烯厚度的定量分析则可以使用原子力显微镜来实现。如图 3-6 所示，当原子力显微镜的悬臂探针接近样品表面时，探针会受到样品表面对其的作用力而使悬臂弯曲偏移。探针的偏移量可以通过投射在悬臂上的激光位置来探测。由于探针的偏移量与所受到的力成正比，如果保持探针的偏移量不变（即保持探针与样品间作用力的大小一定），在扫描样品表面时，探针就会随着样品表面形貌的变化上下起伏。通过记录探针垂直方向的位置就可以得到石墨烯样品表面的形貌信息。探针实物如图 3-7 所示。

任何测量手段都会或多或少受到环境的影响。在用原子力显微镜测量衬底上石墨烯的厚度时，衬底的种类会对测量结果产生影响。例如，用原子力显微镜的轻敲模式测量氧化物衬底上的单层石墨烯时，所测得的厚度通常大于 0.34 nm，为 0.34 ~ 1 nm。只有在石墨 / 石墨烯的表面测定石墨烯时，才能从高度差中获得单层石墨烯的厚度（约 0.34 nm）。这是由于原子力显微镜是利用原子 / 分子间的相互作用力来"观察"材料的。探针与氧化物衬底和石墨 / 石墨烯之间的相互作用不同，导致两种材料（氧化物衬底、石墨 / 石墨烯）对探针高度变化的影响不一致。所以，通过测量氧化物衬底上的单层石墨烯，得到的高度差往往偏离单层石墨烯的真实厚度。

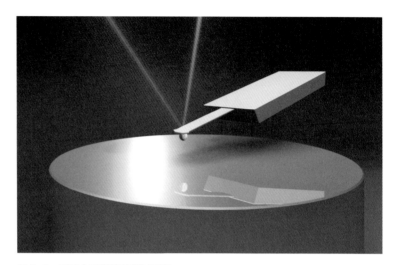

图 3-6　原子力显微镜的测试原理

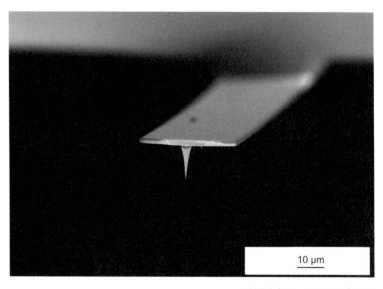

10 μm

（图片来源：NT-MDT官网）

图 3-7　原子力显微镜探针

如图 3-8 所示，不同厚度的石墨烯薄片在光学显微镜下的颜色对比度不同，越厚的薄片对比度越大。原子力显微镜下测得的高度曲线显示，在二氧化硅衬底上的单层石墨烯与衬底的高度差约为 0.5 nm，偏离了单层石墨烯的厚度；而单层与双层石墨烯之间的高度差约为 0.35 nm，这才是单层石墨烯的厚度。如果固定光学显微镜的曝光参数，则可以借助光学显微镜照片中石墨烯的颜色对比度与原子力显微镜标定的厚度之间的对应关系，来快速估计石墨烯的厚度。

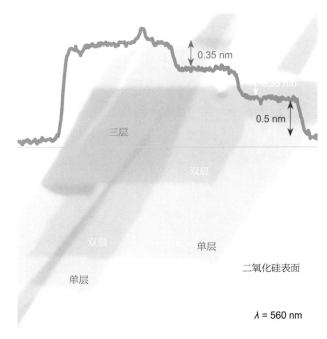

图 3-8　石墨烯的光学显微镜图像和原子力显微镜测定的样品表面绿线处的高度曲线

提示与启发　　单层石墨烯的厚度是多少？

拓展知识　　为什么不同衬底材料会影响原子力显微镜的高度探测？

"测"成分

如果要深入了解石墨烯的化学成分和组成，就需要利用各种光谱和能谱技术。除了可见光外，还可以通过红外线和 X 射线将石墨烯中的特征信息激发并提取出来，同时获得石墨烯中缺陷和杂质含量等信息。

化学组成：本质属性

光谱与能谱的作用

材料晶格具有不同的振动模式，这些振动模式与激光相互作用，得到的散射光能量不同。

拉曼光谱分析法是基于印度科学家拉曼（Raman）发现的拉曼散射效应，对与入射光频率不同的散射光谱进行分析以得到分子振动和转动等信息，并应用于分子结构研究的一种分析方法。该方法是一种非破坏性的测定方法，可以快速探测石墨烯的结构。如图 3-9 所示，单层石墨烯的拉曼光谱显示存在 G 峰（约 1580 cm^{-1}）和 2D 峰（约 2700 cm^{-1}）。其中，2D 峰的形状、位置和相对强度可以用于评估石墨烯的层数，而 D 峰（约 1350 cm^{-1}）的相对强度可以用于评估石墨烯中缺陷和杂质的含量。

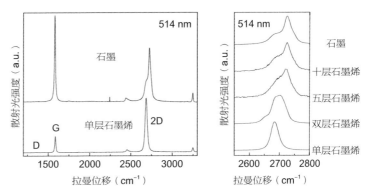

图 3-9　不同厚度 / 层数石墨烯及石墨的拉曼光谱（左）和 2D 峰的放大图（右）

在石墨烯的制备及应用中，石墨烯结构上存在不同类型的官能团，它们会吸收不同频率的红外线。因而，通过检测石墨烯对不同频率的红外线的吸收光谱，可以对其中不同类型的官能团进行结构分析和鉴定。图3-10是两种石墨烯材料（还原氧化石墨烯、氧化石墨烯）和石墨的红外吸收光谱及其分子结构分析。

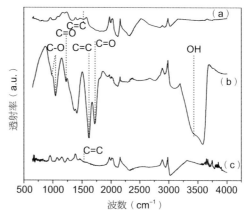

图3-10　红外吸收光谱（a）还原氧化石墨烯；（b）氧化石墨烯；（c）石墨

　　　X射线光电子能谱通过发射X射线可以激发待测材料表面1~10 nm深度范围内的光电子，可以测定材料表面的元素种类、价态及其分布。例如，理想的石墨烯完全由碳元素组成，氧化石墨烯则含有羟基、羧基、羰基等含氧官能团（见图3-11）。

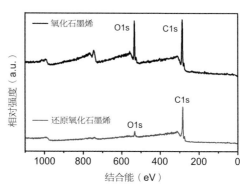

图3-11　X射线光电子能谱

提示与启发　　拉曼光谱、红外吸收光谱、X射线光电子能谱的工作原理是什么？

拓展知识　　如何用拉曼光谱判定石墨烯的层数？

第 4 章　认识石墨烯

力

材料的力学性能是指材料在外力作用下表现出的特性。
例如在一定拉伸力的作用下，材料 A 被拉长后会断裂，
而材料 B 被拉长后能恢复初始状态，这说明材料 A 表现
出塑性形变特性，而材料 B 表现出弹性形变特性。

强度：牢不可破

力学性能指标：弹性模量、强度、泊松比

对石墨烯力学性能的测定是考虑其应用场景的基础和前提。谈到石墨烯的力学性能，就需要了解评判力学性能的重要指标，如弹性模量、强度、泊松比等。

弹性模量是描述固体材料抵抗形变能力的物理量。该物理量仅取决于材料本身的物理性质，与弹性变形相关。材料在外力作用下发生变形，外力撤去后相应的变形消失，这种变形称为弹性变形。如图4-1中的线性弹性阶段，应力与应变是线性相关的。根据胡克定律，在物体的线性弹性变形中，外力与变形量成正比，这个比值就是弹性模量，其单位是 Pa（$N \cdot m^{-2}$）或 MPa（$MN \cdot m^{-2}$、$N \cdot mm^{-2}$）。弹性模量的大小体现了材料的刚性，弹性模量越大，材料越不容易发生变形。

强度是表示材料抵抗断裂和过度变形的力学性能之一。常用的强度性能指标包含抗拉强度和屈服强度。承受弯曲载荷、压缩载荷或扭转载荷时分别以材料的弯曲强度、压缩强度及剪切强度来表示材料的强度性能。

泊松比是指材料在单向受拉或受压时，横向正应变与轴向正应变的绝对值的比值，也称为横向变形系数，是反映材料横向变形的弹性常数。自法国力学家西米恩·泊松（Simeon Poisson）提出这个概念以来，泊松比作为材料的基础弹性参数，为衡量材料结构的受载荷能力

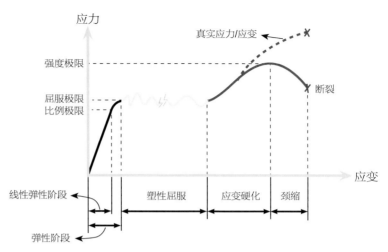

图 4-1　材料在外力作用下的变形

与形变提供了基本度量。

　　受限于石墨烯的纳米尺度，传统的宏观测试方法和技术很难有效获得其力学性能参数。纳米压痕实验是目前测定石墨烯力学性能的有效方法，具有制样简便、易操作的优点。该实验借助原子力显微镜测量力与静态位移间的相互关系，得到弹性模量、屈服强度等参数。需要注意的是，弹性模量等力学参数是属于连续介质的力学概念，由于石墨烯是由单层碳原子构成的，其厚度必须采用连续介质假设后，才能进行力学性能的计算。研究者们基于原子力显微镜纳米压痕实验结果，并假设石墨烯厚度为 0.34 nm，计算出石墨烯的弹性模量为1.0 TPa。纳米压痕实验的结果具有一定分散性，且受压头尺寸、形状、位置以及材料本身的形貌特征影响，需要多点测量、大量实验、统计分析，以获得有意义的结果。

　　此外，大部分工程材料的泊松比为正值，为 0 ~ 0.5，即受拉时横向收缩。然而近年来的研究表明，通过微结构的设计可实现负泊松比材料，这类材料在拉伸时会横向反常膨胀，故亦被称为拉胀材料。拉胀材料作为负系数材料的分支，被认为可以强化材料的力学性能，如提高剪切模量，增大压痕阻力，甚至自修补等，因而在军事和民用功能材料中具有广阔的应用前景。高强度的石墨烯薄膜（抗拉强度约400 MPa）也具有面内负泊松比现象。单层石墨烯局部聚集成密排层片，密排层片进一步弯曲、折叠、起皱能形成复杂网络结构。沿外力加载方向的石墨烯密排层片受拉时取向改变，进而导致厚度方向的褶皱被抑制，最终表现为横向膨胀（见图4-2）。

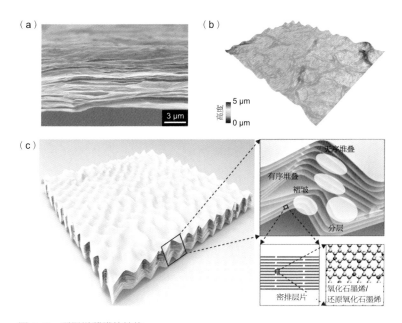

图4-2　石墨烯薄膜的结构
　　（a）扫描电子显微镜表征石墨烯薄膜的褶皱、分层、有序堆叠、无序堆叠等形貌；
　　（b）光学显微镜对石墨烯薄膜的表面形貌进行三维重建；
　　（c）石墨烯薄膜结构的多尺度示意

提示与启发　为什么石墨烯具有很高的强度？

拓展知识　什么是二维抗拉强度？

为什么石墨烯的强度很高却容易被破坏？

柔韧性：能屈能伸

石墨烯的柔性和延展性

从力学性能的计算数据上看，石墨烯具有超高的弹性模量和强度，被称为"最坚固的材料之一"。石墨烯的力学特性源于其碳－碳共价键结构。评价材料的力学性能，不仅要从强度角度出发，还需要考虑其柔性和韧性。那么，一种非常"坚硬"的材料是否可以同时具备柔性和韧性呢？大部分宏观材料是无法同时实现高强度和高柔韧性的，而具有高强度性能的石墨烯则同时具备柔性和韧性。由于石墨烯仅有单原子厚度，石墨烯薄膜也极具柔性，所以其可以依附在柔性的基底上，形成柔性器件。如图 4-3 所示，石墨烯可以制成柔性"电子皮肤"，监测身体的各项体征。石墨烯在循环拉伸变形过程中表现出优异的抗疲劳性，即在几百次甚至几千次的往复拉伸后仍能保持原有结构，具有优异的韧性。

研究者们在研究石墨烯的柔性和韧性时发现，石墨烯在"稍微弯曲"和"强烈弯曲"两种情况下的表现是截然不同的。稍微弯曲的石墨烯，会表现得像一块硬板。而强烈弯曲时，石墨烯原子层发生相对滑动，使得石墨烯虽然发生形变，但不会断裂，表现出很好的柔韧性和延展性。

研究还发现，单层石墨烯的弯曲刚度和生物细胞膜的弯曲刚度接近，从力学上表明石墨烯和生物细胞之间存在相互匹配的可能。细胞可以改变形状，并响应环境刺激。如果要开发出具有生物系统功能的

（资料来源：Graphene Flagship官网）

图 4-3 石墨烯柔性"电子皮肤"及对生命体征的监测

微型机器人，就必须先攻克电子系统难以柔软化的难题。多层石墨烯由于存在层间滑移现象，其柔软性比同等厚度的传统材料高若干数量级，有望解决这一难题。

提示与启发   为什么石墨烯具有很好的延展性？

拓展知识   石墨烯的柔性与其厚度有什么联系？

电

电学性能是材料的重要特性之一，包括导电性、热电性、压电性、铁电性、光电性、磁电性等。其中，导电性是材料非常重要的电学性质。根据材料导电性的不同，可将材料分为导体、半金属、半导体和绝缘体。石墨烯为半金属材料。

导电性：风驰电掣

电学性能指标：载流子迁移率、电导率

能带理论认为，固体的导电性与其能带结构密切相关。价带和导带是能带理论中非常重要的两个概念。在原子核外电子中，与其他原子相互作用形成化学键的电子称为价电子，由价电子组成的能带即为价带。而导带则是比价带能量更高的能带。

导体中，导带为未满带，即存在自由移动的电子。导带与价带重合，为电子提供了自由跃迁的轨道。

半导体中，全满的价带与空的导带之间存在一定的间隙，该间隙称为禁带，电子无法在禁带填充。由于电子从价带跃迁至具有更高能量的导带，导致价带中留下的空位，称为空穴，空穴也是一种载流子。

石墨烯具有半金属性，其能带结构介于导体和半导体之间。石墨烯具有禁带宽度为 0 的能带结构特点，价带中的电子极易跃迁至导带（见图 4-4）。石墨烯的六边形晶格结构非常稳定，三维能带中的 6 个顶点为狄拉克点（也称为费米点），基于石墨烯的对称性可将这 6 个顶点简化为一对相互独立的狄拉克点 K 和 K'。导带和价带关于狄拉克点对称。

一般采用载流子迁移率 μ 来描述电场作用下材料内部电子和空穴整体的运动快慢。载流子运动速度等于 μ 乘以电场强度，也就是说相同的电场强度下，μ 越大，载流子运动得越快；μ 越小，载流子运动

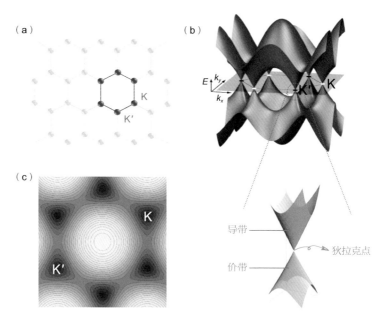

图4-4　石墨烯的晶格和能带结构
（a）晶格结构；（b）三维能带结构；（c）导带的等能线示意
（★注：k_x 和 k_y 是波矢[1] k 的分量；E 为能量）

得越慢。

电导率 σ 是用来描述电荷流动难易程度的参数，是电阻率 ρ 的倒数，即 $\sigma=1/\rho$。σ 和 μ 之间的关系为 $\sigma=n \times e \times \mu$（$e$ 为电荷量，n 为电子浓度）。也就是说，n 和 e 一定的情况下，σ 和 μ 是正相关的。石墨烯的 σ 为 $1 \times 10^6 \, \mathrm{S} \cdot \mathrm{m}^{-1}$，是目前已知的室温 σ 最高的材料。如此高的电导率使石墨烯在诸多领域，尤其是电子信息领域具有巨大的应用潜力。

如图4-5所示的石墨烯透明导电膜可用于柔性电子器件。

---

① 波矢是一个用于描述波传播性质的矢量，此处表示动量。

提示与启发　石墨烯为什么具有半金属性?

拓展知识　还有哪些物质具有半金属性?

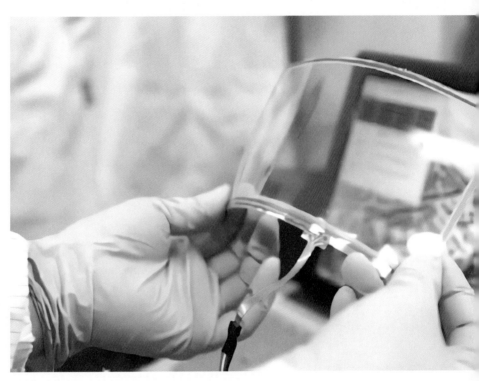

图 4-5　石墨烯透明导电膜

光

材料的光学性能是指材料对不同波段的光的吸收、反射和折射特性，与材料的种类、内部结构及宏观结构相关。例如，同为碳的同素异构体的石墨与金刚石，前者是黑色的，后者则是晶莹透亮的，主要原因是二者对可见光的吸收和折射作用不同。

吸光性：五光十色

石墨烯在可见光和红外波段的光学特性

悬浮的单层石墨烯的透光率 T 可以通过菲涅耳公式推导出来，即：

$$T=(1+0.5\pi\alpha)^{-2}\approx1-\pi\alpha\approx97.7\%$$

其中，α 是精细结构常数。在可见光波段，石墨烯仅反射小于 0.1% 的可见光，因此单层石墨烯可以吸收约 2.3% 的垂直入射光，且吸收光的波长范围覆盖了可见光和红外光（300 ~ 2500 nm）。此外，当入射光垂直于石墨烯表面入射时，石墨烯的光学反射率 $R=0.25\ \pi^2\alpha^2T\approx$ 1.3×10^{-4}，明显小于其透光率的数值。因此可以认为，多层石墨烯的吸光率与石墨烯层数成正比。基于这一光吸收特性，研究者们探究了光学显微镜下硅基衬底上不同层数石墨烯呈现的颜色，建立起了石墨烯层数与颜色的对应关系，因此可以简单地通过颜色的变化来判断石墨烯的厚薄。

从能带跃迁的角度看，光与石墨烯的相互作用主要分为两种：带间跃迁和带内跃迁。带间跃迁指电子通过跃迁的方式从价带跃迁至导带。带内跃迁指电子从导带的低能级跃迁到高能级。哪种跃迁方式占主导取决于光子的能量（即光谱范围）。在远红外和太赫兹波段，主要为带内跃迁（自由载流子响应），此波段石墨烯的电子响应类似金属中的自由电子响应，通过加工石墨烯的微结构可制作可调太赫兹超材料。在近红外及可见光波段，主要为带间跃迁，光的吸收表现为与波长无关的普遍吸收，吸收系数由精细结构常数决定。

利用石墨烯独特的光学特性，可制作各类光子和光电子器件，如透明电极、光电探测器、调制器、发光二极管、光伏器件等（见图4-6）。2011年，加州大学伯克利分校的研究者成功制作了首个石墨烯光调制器。该光调制器由石墨烯与光波导①组成，石墨烯覆盖在光波导的顶部。该光调制器的调制机理如下：通过在石墨烯层施加驱动电压，来调节石墨烯的能级，最终实现光调制。研究发现，具有双层石墨烯结构的光调制器的调制效率高于单层石墨烯光调制器。近年来，太赫兹调制已成为光调制器领域的热点。理论分析显示，太赫兹光波的透过率能够被单层石墨烯调制，可调制的波谱频率范围高达几个太赫兹。IBM的研究者发现，石墨烯可吸收和辐射高达40%的远红外线，加热石墨烯即可发射 8 ~ 15 μm 的远红外线。几十年前，航天科学家对处于真空、失重、超低温、过负荷状态的宇宙飞船内的人类的生存条件进行调查研究，得知太阳光中波长为 8 ~ 14 μm 的远红外线是生物生存必不可少的因素。因此，人们把这一段波长的远红外线称为"生命光波"。该波段的远红外线与人体发射出来的远红外线的波长相近，能与生物体内细胞的水分子产生最有效的"共振"，同时具备渗透性能，可有效促进动物及植物的生长（见图4-7）。石墨烯发射的远红外线与"生命光波"重合，能激活身体细胞、核酸、蛋白质等生物分子的功能，在医学上体现为促进血液循环，调节血压，改善心、脑、肝、肾等器官由缺血引起的功能障碍，提高细胞的解毒、排毒功能，防止癌细胞的产生和发展等。

---

① 光波导是引导光波在其中传播的介质装置。

提示与启发　石墨烯的光学特性可应用于哪些领域？

拓展知识　光与石墨烯是如何发生相互作用的？

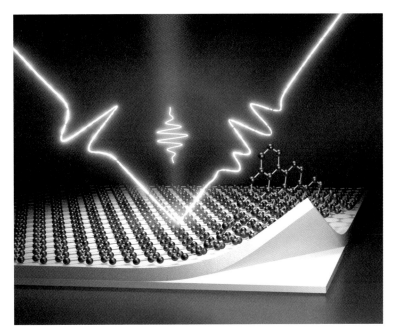

图 4-6　基于石墨烯的太赫兹调制示意

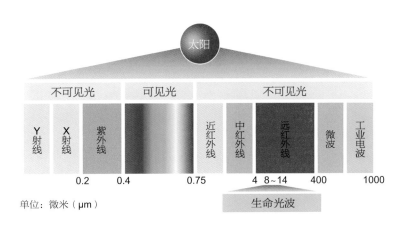

单位：微米（μm）

图 4-7　电磁波谱

热

材料及其制品都是在一定的温度环境下使用的，在使用过程中，将对不同的温度做出反应，表现出不同的热物理性能，这些热物理性能称为材料的热学性能。

导热性：流金铄石

热学性能指标：热导率、热膨胀系数

石墨烯单晶内部的热导率是极高的，远远高于金刚石（2000 W·m^{-1}·K^{-1}）等。目前，石墨烯热学性能的测定方法主要分为两类，一类是悬浮法，即将石墨烯片的两端固定住，其余大部分区域处于自由状态，如图 4-8（a）所示。另一类是支撑法，即让整个石墨烯片都与基底接触，如图 4-8（b）所示。由于基底材料对石墨烯导热性能有很大影响，因此两种方法测得的石墨烯的导热性能有很大区别。

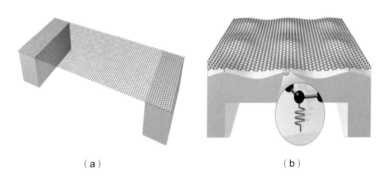

（a）　　　　　　　　　　　　　　（b）

图 4-8　石墨烯热学性能的测定方法
（a）悬浮法；（b）支撑法

测定石墨烯的热导率的具体方法有拉曼光谱法、悬空热桥法和时域热反射法等。在测定石墨烯的热导率的过程中，影响测定结果的因素包括温度、应力、基底界面，以及石墨烯的微观尺寸、微观结构等。此外，多层石墨烯很难达到单层石墨烯的热导率，这是因为多层、多晶石墨烯具有很多晶界，且层与层之间的距离也较大。导热过程中，晶界、层间区域会发生散射，降低热导率。同时由于石墨烯很薄，单层石墨烯很难单独作为散热材料，因此将石墨烯与其他材料复合作为散热材料时，石墨烯与其他材料之间会形成界面，该界面的导热性能也会直接影响材料整体的导热性能。

除了热导率外，石墨烯另一个重要的热学性能参数是热膨胀系数。热膨胀系数是指物体由于温度改变而发生体积胀缩的现象，物体的体积一般随着温度升高而增大。但石墨烯的热膨胀系数十分特别，单层石墨烯的晶格参数随温度的升高而降低，热膨胀系数随温度升高先降低，直到约 300 K 才逐渐升高，且保持负值一直到 2500 K 左右（见图 4-9）。

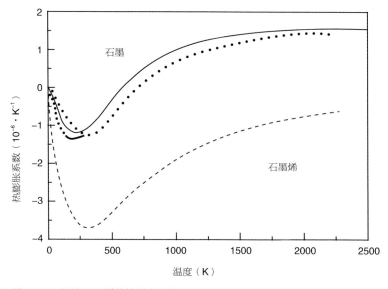

图 4-9　石墨和石墨烯的热膨胀系数对比

提示与启发　石墨烯的热学特性可应用于哪些领域？

拓展知识　现在市面上有哪些利用石墨烯热学性能的产品？
　　　　　　负的热膨胀系数有何用处？

第 5 章　详解石墨烯

变身宏观材料

将石墨烯在微纳尺度级的优异性能应用于实际生活并不容易，宏观组装是关键。宏观组装是指通过各类加工技术，实现石墨烯的有序排列，进而装配成纤维、薄膜、凝胶等形式的石墨烯宏观材料（见图 5-1）。

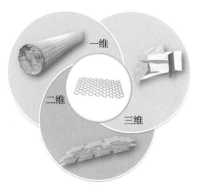

图 5-1　石墨烯在多种维度上的宏观组装

一维：纤维

石墨烯纤维是由石墨烯材料组装而成的一维宏观材料

石墨烯纤维是一种由石墨烯层片单元经规则排列组装而成的新型碳质纤维，具有高强度、高模量、导电性和导热性优异等特点。我国在石墨烯纤维方面的研究处于国际领先水平，是各项技术指标的领跑者。目前，石墨烯纤维的抗拉强度最高可达 3.4 GPa，弹性模量为 400 GPa，电导率远超传统的聚丙烯腈基碳纤维。图 5-2 展示了 4 m 长的氧化石墨烯纤维，以及由石墨烯纤维和棉纤维编织成的图案和结构。石墨烯纤维的表面不光滑，存在丰富的褶皱，纤维的断裂截面上存在大量齿状弯曲的结构（见图 5-3）。

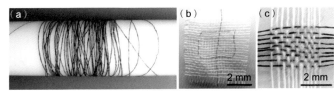

图 5-2　氧化石墨烯／石墨烯纤维的图像
（a）缠绕在聚四氟乙烯鼓上的 4 m 长的氧化石墨烯纤维；
（b）两根石墨烯纤维（黑色）在棉网（白色）中编织的"中"字结构；
（c）棉线（白色）和石墨烯纤维（黑色）编织在一起的纤维垫

最常见的制备石墨烯纤维的方法是湿法纺丝法（见图 5-4），步骤如下：

（1）制备均一的氧化石墨烯液晶[①]纺丝液；

———————————
① 液晶是指物质在一定温度和浓度时表现出的介于液态和晶态间的有序流体状态。

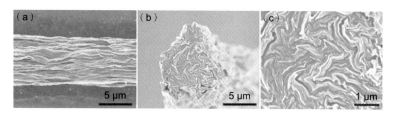

图5-3　石墨烯纤维的微观结构
　　　　（a）表面；（b，c）断裂截面

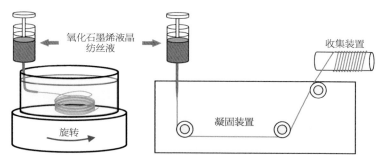

图5-4　湿法纺丝法装置

（2）将纺丝液挤出圆形喷口形成细流；

（3）纺丝液细流进入凝固浴形成初生纤维；

（4）初生纤维经过拉伸、干燥、卷装后进行后处理，得到石墨烯纤维。

　　湿法纺丝法的优势是利用石墨烯液晶的剪切取向特性和后拉伸等有序化处理，使石墨烯纤维具有很高的有序度。随着对石墨烯湿法纺丝中分子演变机理认识的不断深入，更强、更韧的纤维不断被制备并刷新最优性能纪录。

　　石墨烯纤维具有独特的力学和电学性能，在下一代柔性可穿戴电子器件等领域有着重要的应用（见图5-5）。时至今日，大量的工作探索了石墨烯纤维在柔性电子、可穿戴超级电容器、柔性电池等方面的应用，取得了巨大的进展。例如，智能调温石墨烯复合功能纺织品可作为下一代智能器件的原型。

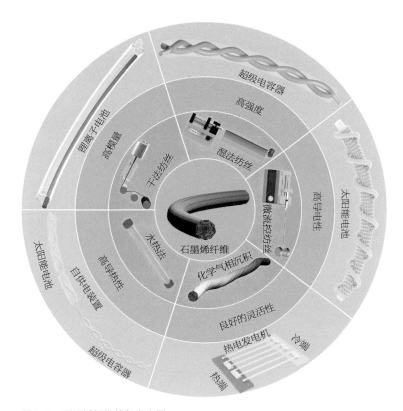

图 5-5　石墨烯纤维的各类应用

　　与传统的碳纤维相比，石墨烯纤维的制备方法更为简单、绿色环保，可显著降低成本，在结构/功能一体化应用中具有广阔的应用前景。

提示与启发　　在制备石墨烯纤维时，如何实现石墨烯的有序排列？

拓展知识　　石墨烯纤维应用于电子器件时有哪些优势？

二维：薄膜

石墨烯薄膜是由石墨烯材料组装而成的二维宏观材料

与化学气相沉积法制备的石墨烯薄膜不同，下面介绍的石墨烯薄膜（又称"石墨烯纸"）指由石墨烯纳米层片规则排列、堆叠形成的宏观二维薄膜，具有可弯折、化学性能稳定、导电性和导热性优异等性能特点。

制备石墨烯薄膜的典型方法包括湿法组装、界面组装和湿法纺膜，简要介绍如下：

· 湿法组装基于石墨烯或石墨烯前驱体溶液，通过真空抽滤、喷涂、旋涂等方法得到附着在基底上的石墨烯薄膜；

· 界面组装利用氧化石墨烯的两亲性（同时亲水和亲油），在液－空、液－液界面组装得到石墨烯薄膜；

· 湿法纺膜与湿法纺丝的原理类似，通过改变纺丝液喷口的形状，直接制备石墨烯薄膜。

以上方法得到的石墨烯薄膜的厚度在几十纳米到十几微米不等，实现了对薄膜形貌和性能的广泛调控。图 5-6 展示了氧化石墨烯薄膜及还原后的还原氧化石墨烯薄膜的实物及微观结构。其中，氧化石墨烯薄膜呈棕黄色，而还原氧化石墨烯薄膜呈现出亮黑的金属光泽，这是因为还原反应使得薄膜的导电性和可见光反射率增加。还原氧化石墨烯薄膜保持了还原前氧化石墨烯薄膜的柔性和完整性。从薄膜断裂面的微观结构看，还原前的氧化石墨烯薄膜厚约 10 μm，而还原氧化

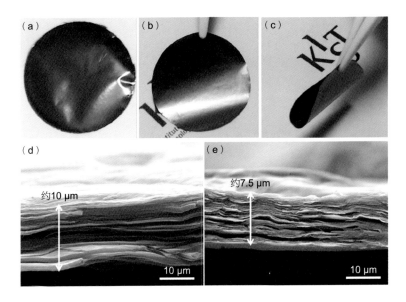

图 5-6 还原前后的石墨烯薄膜的实物及微观结构

  （a）棕黄色的氧化石墨烯薄膜；

  （b，c）具金属光泽的柔性还原氧化石墨烯薄膜；

  （d，e）氧化石墨烯薄膜和还原氧化石墨烯薄膜截面的微观结构

石墨烯薄膜厚约 7.5 μm，说明还原后含氧官能团的去除使得薄膜内部更致密。

  除了纯石墨烯薄膜，石墨烯还可以与高分子、金属、半导体等材料结合形成复合薄膜。这些复合薄膜具有超高的热导率和优异的力学性能，在高功率散热、水处理、光电器件等领域具有广阔的应用前景。例如，石墨烯与镍纳米颗粒组成的三维复合膜可用于催化反应，具有高催化剂负载量且能实现极佳的电极接触。

提示与启发 石墨烯的尺寸对石墨烯薄膜的平整度有影响吗？

拓展知识 影响石墨烯薄膜性能的因素有哪些？

三维：凝胶

石墨烯凝胶是由石墨烯材料组装而成的三维宏观材料

凝胶材料是胶体粒子或高分子通过超分子 [①] 作用形成的空间交联网络。在形成交联网络的过程中，石墨烯通过氢键、π-π 作用、静电作用等分子间作用，形成宏观的三维立体网络结构，具有密度低、弹性好、孔隙率高、比表面积大等特性（见图 5-7）。根据内部分散介质种类不同，石墨烯凝胶可分为水凝胶和气凝胶。

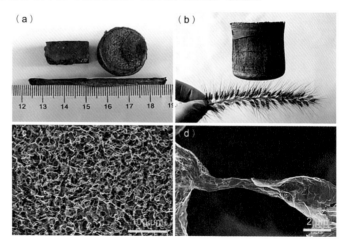

图 5-7 石墨烯气凝胶及其微观结构

  （a）不同形状的石墨烯气凝胶；

  （b）狗尾草上的 100 cm³ 的石墨烯气凝胶；

  （c）石墨烯气凝胶的内部结构；

  （d）石墨烯层片连接

---

① 超分子通常是指由两种或两种以上分子依靠分子间相互作用结合在一起，组成的复杂的、有组织的聚集体。该聚集体能保持一定的完整性，具有明确的微观结构和宏观特性。

石墨烯凝胶的制备方法多种多样，主要分为溶液法和化学气相沉积法。溶液法又可以根据是否使用模板而分为模板法和非模板法。从原理上看，溶液法是借助添加剂、化学还原反应、内应力等，使石墨烯或其前驱体层片单元相互交联，从而得到石墨烯凝胶网络。化学气相沉积法则是利用高温，使碳原子沉积在催化金属基底上，然后在去除金属基底后，得到内部互联的石墨烯凝胶网络。上述制备方法在很大程度上实现了材料微观及宏观上的形貌设计，使石墨烯凝胶具有丰富的功能。

近年来，3D 打印技术逐渐应用于石墨烯三维结构的构建。3D 打印的石墨烯气凝胶具有比表面积大、导电好、质量轻、刚性及抗压性好等特性（见图 5-8）。3D 打印技术最大的优点在于微观结构的精确控制，可以实现气凝胶孔洞结构的智能化设计。

（a） （b）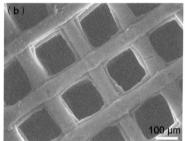

图 5-8　3D 打印石墨烯气凝胶
　　　　（a）实物；（b）内部结构

石墨烯凝胶材料具有质轻、孔结构丰富、热稳定性好等特性，对染料、油、有机溶剂和金属离子等具有较强的吸附能力，在污水处理、电磁屏蔽、保温绝热、微波吸收、空气治理、高效催化、储能等诸多领域具有广泛的应用。

提示与启发　　如何利用模板组装石墨烯凝胶？

拓展知识　　除了石墨烯外，还有哪些二维纳米材料可以组装成凝胶？

开发新能源

开发清洁、可再生新能源及高效、低成本储能器件，已成为人类社会发展的大趋势。石墨烯独特的单原子层结构为其在能源存储与转化领域的应用奠定了基础。

超级电容器：快充快放

石墨烯可作为超级电容器的电极材料

超级电容器是通过电极与电解质之间形成的双层界面来存储能量的新型元器件，是一种功率特性优异、寿命较长的储能器件，在智能手表、电动汽车、电磁弹射等领域有着广阔的应用前景，已成为电化学储能研究领域的热点之一。

超级电容器的应用范围非常广泛，下面简要举例说明。

（1）小电流、长时间持续放电，如计算机存储器的后备电源；

（2）快充快放，如电动工具/玩具的电源、闪光灯电源；

（3）提供瞬时功率，如电动车的起步、加速、爬坡电源；

（4）小电能储集，如车辆制动时，下坡的能量可转化为电能存储在超级电容器中；

（5）与蓄电池并联使用，如蓄电池和超级电容器并联，可缩短电池的充电时间，扩充电池容量。在动力驱动时，超级电容器不仅可改善电池的启动性能，还可在大电流工作时保护蓄电池。

根据能量存储机制，超级电容器可分为双电层电容和赝电容两类。在电化学体系内，双电层电容是依赖于电解液内的带电离子在电极表面的净电荷吸附所产生的双电层来实现电荷存储的。典型的双电层超级电容器的结构如图 5-9 所示。

高性能电极材料对超级电容器性能的影响显著。理想的碳电极材料需满足以下几点要求。

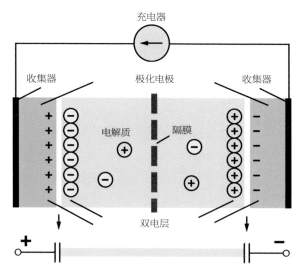

图 5-9 双电层超级电容器的结构

（1）比表面积大。电极材料的表面积越大，吸附的离子越多，储电能力越强。

（2）孔径分布合理且电导率高。电极材料的导电性好，吸附在电极表面的离子可快速传输至电极，放电速度变快，放电电流增大。

（3）电化学稳定性优异。电极材料的物理及化学结构足够稳定，才可以保证电容器多次充放电循环使用。

石墨烯纳米片不仅具有良好的化学稳定性和导电性，且具有非常大的比表面积及灵活的空间构筑特性，尽管当前石墨烯的价格相对较高，但是随着制备技术的不断成熟，未来其价格会逐渐降低。因此，石墨烯被看作高电压、大容量、高功率超级电容器电极材料的理想选择之一。传统的超级电容器是由液体电解质组成的，不易小型化且易发生泄漏，因此基于凝胶电解质的超级电容器备受关注。图 5-10 展示了一种以皱褶石墨烯纸为电极的可拉伸的全固态超级电容器。

提示与启发 超级电容器的电极材料还有哪些?

拓展知识 日常生活中还有哪些场合会用到超级电容器?

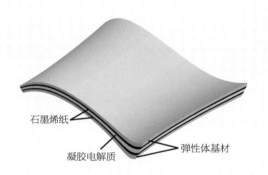
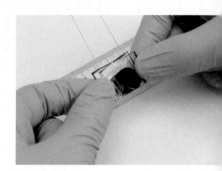

石墨烯纸

凝胶电解质

弹性体基材

图 5-10　石墨烯基全固态超级电容器的结构及实物

锂离子电池：突破高能量

石墨烯可作为导电添加剂用于锂离子电池的电极

锂离子电池可作为电动汽车和大型储能系统的动力源，随着新能源电动汽车市场的扩大，对具有高能量密度的锂离子电池的需求也在日益增加。

锂离子电池是锂电池的一种，主要由正极、负极、非水电解质和隔膜 4 部分组成。正极电位较高，常为嵌锂过渡金属氧化物或聚阴离子化合物，如钴酸锂、锰酸锂等。负极通常为碳素材料，如石墨、非石墨化碳等。电解质由有机混合溶剂和锂盐构成。隔膜为经特殊成型的高分子薄膜，薄膜有微孔结构，可以让锂离子自由通过，而电子则无法通过（见图 5-11）。

锂离子电池是一种二次电池（充电电池），主要依靠锂离子在正极和负极之间的移动来工作。在充放电时，锂离子在两个电极之间往返嵌入和脱嵌：充电时，锂离子从正极脱嵌，经过电解质嵌入负极，负极处于富锂状态；放电时则相反。

近年来，锂离子电池以其工作电压宽、比能量高、循环寿命长、自放电小、对环境污染小等诸多优势，成功实现了商业化。为了进一步提高锂离子电池的功率特性，实现更广阔的应用，具有独特结构和优异性质的石墨烯受到研究者的广泛关注。在电极材料中，石墨烯既具备提供良好电子传输通道的能力，又有优异的锂离子传输性能。同时，石墨烯的层片间距极小，仅为微纳米量级，锂离子的扩散路径较

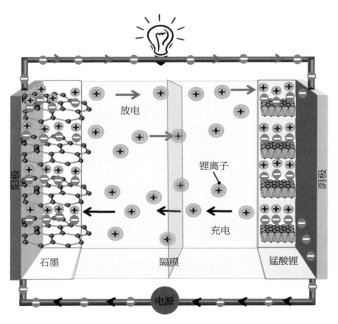

图 5-11　锂离子电池的结构

短，可显著提升传输性能。尤其是锂电池纳米复合材料中的三维石墨烯，被证明可提供优良的导电网络，促进锂离子和电荷快速转移，有效缓解脱/嵌锂过程中的电极结构变化等。

　　在锂离子电池中，硅的理论容量约为石墨的 10 倍，是有可能替代石墨作为负极的材料。然而，在与锂的合金化和脱合金反应过程中，硅的巨大体积变化会导致硅电极的粉化和开裂，限制了硅作为锂离子电池负极材料的实际使用。三维的空心石墨烯泡沫结构是改善硅电极尺寸稳定性的一种很有前途的材料，可以抵抗硅的严重体积变化和电极的机械变形，起到稳定硅电极的尺寸和形成坚固导电网络的双重作用（见图 5-12）。

　　面向未来应用，开发轻、薄、柔的高容量快充锂离子电池是必然的发展趋势，石墨烯是首选材料之一。

提示与启发　　锂离子电池的电极材料还有哪些？

拓展知识　　石墨烯可以单独作为锂离子电池的电极材料吗？

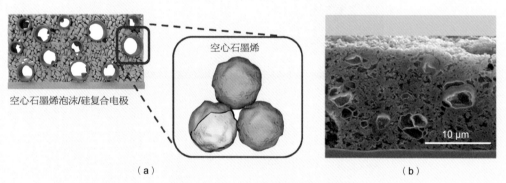

空心石墨烯泡沫/硅复合电极

空心石墨烯

（a）

（b）

图 5-12　空心石墨烯泡沫／硅复合电极
　　　　（a）结构示意；（b）微观结构

锂硫电池：性价比之选

石墨烯可作为包覆层用于锂硫电池

随着可移动便携式电子设备的广泛应用及电动汽车、智能电网的快速发展，人们对电池的能量密度和功率密度等性能提出更高的要求。为此，以金属锂为负极的新一代锂二次电池，如锂硫（Li-S）电池，逐渐进入了人们的视野，成为目前的研究热点。

锂硫电池是锂电池的一种。单质硫在地球中储量丰富，具有价格低廉、环境友好等特点。但目前锂硫电池的应用还存在以下问题。

（1）锂的多硫化合物溶于电解液，影响循环性能。

（2）硫的导电性很差，影响电池的充放电性能。

（3）在充放电过程中，硫的体积的扩大和缩小幅度都非常大，有可能导致电池损坏。

典型的锂硫电池一般采用单质硫作为正极，金属锂片作为负极，其反应机理不同于锂离子电池的离子脱嵌机理，而是电化学机理。放电时负极反应为锂失去电子变为锂离子，正极反应为硫与锂离子及电子反应生成硫化物，正极和负极反应的电势差即为锂硫电池所提供的放电电压。在外加电压作用下，锂硫电池的正极和负极反应逆向进行，即为充电过程。

氧化石墨烯具有灵活的空间构筑特性与丰富的表面化学性质，使其在构筑锂硫电池多功能隔膜方面具有得天独厚的优势。在用作锂硫电池的隔膜时，具有负电性的氧原子将氧化石墨烯修饰成一个极性平面，依靠静电相互作用可在很大程度上阻止多硫化物穿过氧化石墨烯膜扩散至负极，从而能极大地提升锂硫电池的循环性能（见图5-13）。

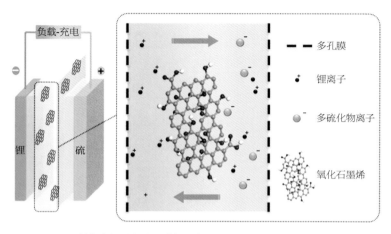

图5-13　石墨烯作为锂硫电池隔膜的示意

　　基于石墨烯具有的独特二维片状纳米结构，可采用石墨烯纳米片作为包覆材料，构筑具有"核壳"结构的复合电极材料（见图5-14）。在此结构中，石墨烯不仅作为所封装的活性材料的电子通道，增强材料的导电性，同时作为微型电化学反应室，抑制硫发生较大的体积变化。在放电过程中，锂离子扩散至石墨烯并与多硫化物离子结合，形成可溶的多硫化锂，由于石墨烯包覆层的束缚，多硫化锂无法向电解液中扩散，从而改善了锂硫电池的循环性能。此外，锂硫电池的工作温度范围远远大于传统的锂离子电池，能满足寒冷环境中日益增长的电源需求（如寒冷地区电动车辆或航空应用的电池系统）。

提示与启发　锂硫电池为什么还没有商业化？

拓展知识　锂硫电池和锂离子电池有什么异同点？

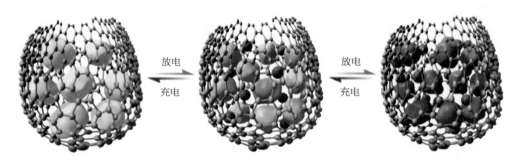

图 5-14　石墨烯在锂硫电池中作为包覆材料的示意

燃料电池：绿色环保

石墨烯可作为催化剂载体及质子交换膜

燃料电池是一种直接将燃料的化学能转换成电能的装置，是继水力发电、热能发电和原子能发电之后的第 4 种发电技术。通常情况下，燃料发电过程包括以下 4 个能量转换步骤：燃料燃烧将化学能转化为热能；通过热能加热水产生水蒸气；水蒸气驱动涡轮机运行；机械能用于驱动产生电力的发电机。

燃料电池可跨过上述所有步骤，直接将化学能转换为电能。因此燃料电池的转化率高、污染小，被认为最有发展前景的发电技术。根据电池所用的电解质类型，燃料电池可分为碱性燃料电池（Alkaline Fuel Cell，AFC）、质子交换膜燃料电池（Proton Exchange Membrane Fuel Cell，PEMFC）、磷酸燃料电池（Phosphoric Acid Fuel Cell，PAFC）、熔融碳酸盐燃料电池（Molten Carbonate Fuel Cell，MCFC）及固体氧化物燃料电池（Solid Oxide Fuel Cell，SOFC）。各类燃料电池的对比如表 5-1 所示。

燃料电池的结构主要包含 4 个组成部分，分别为阳极、阴极、电解质和外部电路。通常阳极为氢电极，阴极为氧电极。阳极和阴极上都需要含有一定量的电催化剂，用来加速电极上发生的电化学反应。两电极之间是电解质。

石墨烯由于具有大比表面积、理想的二维层状结构以及高导电性，可用作燃料电池的催化剂载体以及质子交换膜。石墨烯作为催化剂载体，将催化剂颗粒负载在表面上可明显降低催化反应的过电位[①]，利于催化反应的进行，并有效提高催化剂的活性、稳定性以及贵金属的利用率。在燃料电池中，铂金属颗粒作为重要的催化剂起到关键的作用。如图 5-15 所示，石墨烯上的铂金属颗粒以小颗粒尺寸（1.5 ~ 2.5 nm）存在，实现了大范围均匀分布，且避免了团聚，有效提高了催化剂与燃料之间的接触面积，促使反应更快地进行，从而显著提升燃料电池的性能。此外，得益于石墨烯优异的导电性能，铂碳催化剂的催化性能也大大提升。

表 5-1 不同燃料电池的对比

种类	电解质	温度范围（℃）	输出功率（kW）	效率（%）	应用
AFC	氢氧化钾水溶液	90 ~ 100	10 ~ 100	60	军事；太空
PEMFC	固体有机高分子	50 ~ 100	<1 ~ 250	25 ~ 58	备用电源；小型分布式电站；交通运输电源
PAFC	磷酸	150 ~ 200	50 ~ 1000	>40	分布式电站
MCFC	碳酸锂、碳酸钠和 / 或碳酸钾的液体溶液	600 ~ 700	<1 ~ 1000	45 ~ 47	大型分布式电站
SOFC	氧化钇稳定氧化锆	600 ~ 1000	<1 ~ 3000	35 ~ 43	辅助电源；大型分布式电站

此外，质子交换膜在燃料电池中起着关键的作用，如分离燃料气和氧气、提供质子传输通道等。研究者们发现石墨烯在质子交换膜上也可以大显身手，得益于石墨烯特殊的微观结构，气体及其他物质很难穿过石墨烯层，从而解决了燃料渗漏的问题。

---

① 过电位是指在催化反应过程中，催化反应达到一定电流密度时所需实际电压超过理论电压的部分。

提示与启发 石墨烯为什么可以增加催化剂与燃料之间的接触面积?

拓展知识 为什么燃料电池的转换效率非常高?

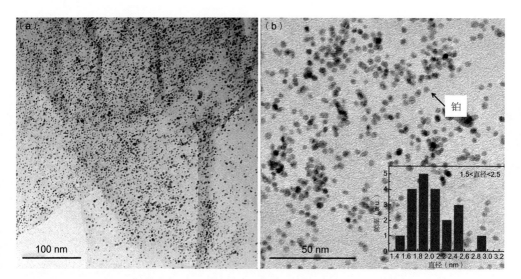

图 5-15　还原氧化石墨烯表面负载铂金属颗粒的微观图像及其频率分布图

太阳能电池：取之不竭

石墨烯可作为太阳能电池的透明电极

与燃料电池相似，太阳能电池也是一类能源转换类器件。自法国科学家亚历山大·埃德蒙·贝克勒尔（Alexandre Edmond Becquerel）发现光电效应以来，研究者们专注于将光能转换为电能或化学能。太阳能电池的工作原理是基于半导体的光生伏特效应。光生伏特效应是指当物体受到光照时，物体内的电荷分布状态发生变化而产生电动势和电流的一种效应。当太阳光或其他光照射两种不同的半导体时，就会在这两者间形成电势差，即光生电压。由于太阳能电池通过光生电子可直接将太阳能转换为电能，因此是最清洁的发电方式之一（见图 5-16）。

图 5-16　柔性超薄有机太阳能电池

太阳能电池按材料可分为硅太阳能电池、多元化合物薄膜太阳能电池、高分子多层修饰电极型太阳能电池、纳米晶太阳能电池和有机太阳能电池等，其中硅太阳能电池是发展最成熟的，在应用中居主导地位。大多数商用太阳能电池使用晶体硅作为吸收层的主要原因包括硅具有长期稳定性、易被其他元素掺杂、具有天然氧化物钝化层等。但是，晶体硅是不良的发光体，这一特性限制了硅基太阳能电池的转换效率。也就是说，与具有高光吸收系数的材料相比，需要更多的硅才能吸收相同量的太阳光。

虽然太阳能电池几乎实现了"零"排放，但是由于晶体硅的造价较高，在大规模使用过程中，成本依旧是需要考虑的重要因素。为了降低利用太阳能的成本，许多新材料被开发应用，例如砷化镓、硫化镉、铜铟硒等多元化合物。石墨烯等二维材料在制备高吸收性、超薄、轻便、灵活的太阳能电池方面发挥着关键作用。在新型太阳能电池中，石墨烯的加入可提高电子的传输速率并发挥自身独特的结构优势。首先，石墨烯由于具有二维层状结构及良好的柔性，因而即使在极端弯曲和拉伸条件下也能保持原有性能，可应用于不同类型的太阳能电池中。其次，石墨烯还具有超高的透光性，可见光透过率高达97.7%，且具有高导电性，作为太阳能电池的透明电极极具优势。此外，石墨烯还可以起到一定的减反作用，使太阳光得到充分利用，进一步提升太阳能电池的转换效率。基于石墨烯的器件的柔性基底非常坚固，能够承受显著的弯曲而不会降低性能（见图5-17）。

提示与启发　石墨烯作为太阳能电池的电极有何优势？

拓展知识　新型太阳能电池的工作原理是什么？

图 5-17　配有石墨烯电极的柔性透明太阳能电池

构建电子器件

在传统电子器件中，硅材料常作为主导。石墨烯作为冉冉升起的"新星"，将如何应用于实际的电子器件中？它与传统半导体材料有何区别？

透明电极：触手可及

石墨烯是一种透明导电材料

触摸屏、液晶显示器、太阳能电池、有机发光二极管、智能变色玻璃、柔性电子器件等智能光电器件的激增，使人们的生活多姿多彩。透明电极具有高透明性和导电性，是这些智能光电器件的关键部件（见图 5-18）。目前用作透明电极的主要材料是透明导电氧化物。

触摸屏　　　　　　太阳能电池　　　　　智能变色玻璃

透明电极

液晶显示器　　　　有机发光二极管　　　　柔性电子器件

图 5-18　透明电极的应用

透明导电氧化物是一类在可见光谱范围内同时具有高导电性和高透明性的材料。目前，商用透明电极主要以铟锡氧化物（Indium-Tin Oxide，ITO）材料为主，但是 ITO 的固有缺点不容忽视：

（1）受稀有金属铟的储量限制，成本高，限制了 ITO 的大规模应用；

（2）ITO 具有脆性，易碎；

（3）制备过程需要高温，消耗大量能源；

（4）在酸碱环境中的不稳定性限制了其应用范围（如在有机太阳能电池中的应用）。

目前，多种材料被用来尝试取代 ITO，如碳纳米管、金属纳米线、石墨烯和导电高分子等。随着电子器件与产品向着智能化、便携化及可穿戴化方向发展，对柔性透明电极的需求日益增加。具有高电导率、高力学强度、优异的光电响应性能的石墨烯作为新一代透明电极的候选材料被广泛研究。

图 5-19 展示了通过化学气相沉积法制备的石墨烯薄膜作为透明电极在触摸屏中的应用。除了触摸屏，石墨烯透明电极还可以应用于液晶显示器、太阳能电池等。

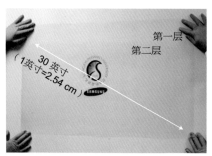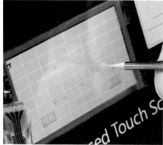

图 5-19　大面积的石墨烯透明导电薄膜及由其制作的触摸屏

图 5-20 对比了石墨烯材料的典型制备方法并从 5 个方面进行评估。其中，还原氧化石墨烯和液相剥离石墨烯制成的分散液，可通过各种溶液处理技术（旋涂、喷涂、浸涂、喷墨印刷等）来快速制造透明电极，但其光电性能还未达到使用要求。化学气相沉积法可以制备尺寸和层数可控的石墨烯薄膜，光电性能与 ITO 相当甚至更好，最有可能用于柔性透明电极。在实际应用时，化学气相沉积法制备的石墨烯需要转移至目标基底（如 PET、玻璃和二氧化硅/硅等）才可使用。

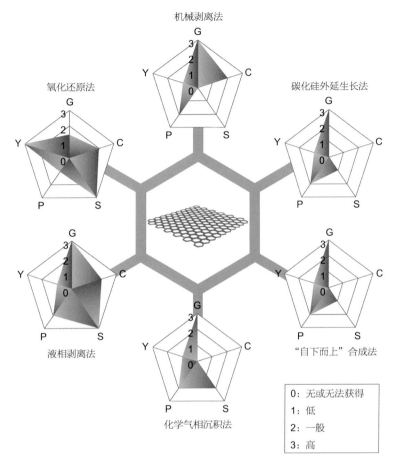

机械剥离法

氧化还原法

碳化硅外延生长法

液相剥离法

"自下而上"合成法

化学气相沉积法

0：无或无法获得
1：低
2：一般
3：高

图 5-20　石墨烯的典型制备方法比较
　　　　（＊注：从 5 个方面评估每种方法，G— 质量、C— 成本（较低值表示较高的生产成本）、S— 可扩展性、P— 纯度、Y— 产量）

提示与启发　如何同时提高石墨烯薄膜的导电性与透光性，让它"既导又透"？

拓展知识　石墨烯的导电性和透光性随着层数的增加应如何变化？

场效应晶体管：从"0"到"1"

石墨烯是一种典型的双极性半导体

场效应晶体管是利用电场来控制半导体材料导电性的一类器件，是构成芯片的基本元件之一，是当代计算机处理器的核心。我们可以把场效应晶体管想象成"开关"，这个"开关"在开启和关闭时，分别对应着计算机二进制中的"1"和"0"。在生活中，计算机、手机等电子设备内部的电路及芯片都是由成千上万个这样的晶体管构成的。自20世纪60年代以来，一块典型处理器中的晶体管的数量便以摩尔定律的速度呈指数增加。通过减小单个器件的尺寸，越来越多的晶体管被封装在一块芯片中，与此同时，芯片的性能不断提升，成本不断降低。

场效应晶体管所使用的半导体材料按照其导通方式的不同可以分为两类，即：N型半导体和P型半导体，分别属于电子（负电）导电和空穴（正电）导电。而石墨烯由于其独特的电子结构，可以同时实现空穴或电子在其内部的快速传输。由石墨烯晶体管制成的芯片，其运行速度比硅基微处理器快上千倍，同时具有尺寸小、功耗低、发热量少等特点。图5-21展示的是IBM公司生产的石墨烯晶圆/芯片。

石墨烯最重要的两个电学特性是超高的载流子迁移率和双极性半导体特性。载流子迁移率描述了电子或空穴在半导体材料中的迁移速率。如果将载流子比作汽车，石墨烯就像是载流子的"高速公路"，而一般的半导体（如硅）就像是"普通公路"。载流子"跑"得越

图 5-21　测试中的石墨烯晶圆 / 芯片（IBM 公司生产）

快，意味着器件的运算速度越快，器件的电阻越小，在相同的工作条件下能耗更低，更绿色环保。

　　石墨烯的另一个重要特性是双极性半导体特性。一般的半导体的导电性往往来源于单一类型载流子（电子或空穴）的迁移，就像"单向车道"。而石墨烯则不同，电子和空穴都可以迁移，因而石墨烯更像"双向车道"（见图 5-22），故称为"双极性半导体"。石墨烯作为一种独特的具有高迁移率的双极性半导体，为高速、低功耗、高性能芯片的发展提供了可能。对于如何在原子尺度上设计并制造芯片这一问题，学界和业界普遍认为，具有单原子厚度的二维材料将为未来芯片的发展提供新的范式。

提示与启发　　为什么石墨烯无法直接应用于逻辑开关器件？

拓展知识　　基于石墨烯的场效应晶体管器件还有哪些应用场景？

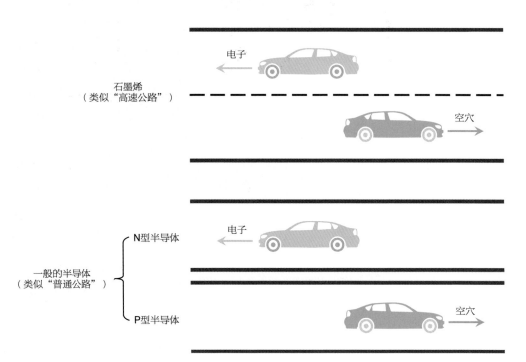

图 5-22　石墨烯与一般的半导体内部载流子迁移示意

传感器：看世界

石墨烯可实现力、电、光及生物等信号间的相互转化

在人们的传统认知里，生物体从外界获取信息必须借助感知器官。但仅有感知器官，在了解和研究自然现象和规律时，就显得远远不够了。随着信息技术的发展，传感技术成为信息获取、转化和处理的主要方式和实现手段，是现代信息技术快速发展的基石。同时，伴随着网络信息等高新技术迅速发展的革命浪潮，全球正在步入人工智能新时代。因此，人机交互、人机接口以及模拟生物体实现多种信息的获取与综合处理功能等成为人工智能领域的研究热点。柔性传感技术则是实现该功能的关键之一。

作为一种检测装置，传感器的基本工作原理是利用某种方式将感应到的信息转化为各种所需形式的信息，如热电偶将温度转化为电信号。石墨烯因具有优异的导电性、导热性、柔性等特点，可应用于柔性传感领域，甚至可制备成"电子皮肤"。"电子皮肤"是通过电学信号的集成与反馈来模拟人体皮肤感受外界刺激（压力、温度、湿度）的新型电子器件。石墨烯的厚度小于 1 nm，与宏观尺度的材料相比，呈现出很多新奇的性质：

（1）石墨烯非常薄，碳原子可直接与环境相互作用；

（2）石墨烯是二维材料，电子在二维平面内可以快速、无障碍地运输；

（3）氧化石墨烯表面拥有丰富的官能团，可以与环境中的原子或

分子产生直接的相互作用。

因此，石墨烯在压力传感器、气体传感器和生物传感器等领域都具有广泛的应用，尤其适合于各种柔性及可穿戴场合。图5-23展示了一种基于石墨烯的柔性压力传感器，将其贴附或佩戴在手腕上，可以用来检测各种生命体征指标（如心跳、脉搏、血压等）。通过蓝牙与手机相连后，可以方便获取实时的检测信号。

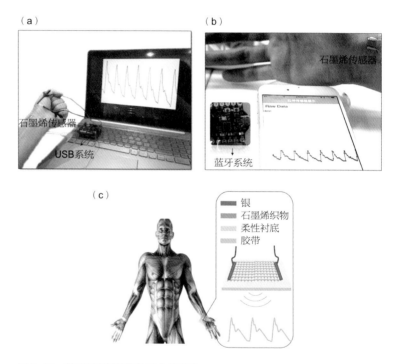

图 5-23　基于石墨烯的柔性压力传感器
　　　　（a）有线信号系统；（b）无线传输系统；（c）内部结构及检测示意

相比于传统传感器，柔性可穿戴器件目前发展得如火如荼。还原氧化石墨烯因具有微褶皱化结构，因而具有良好的延展性和柔韧性。同时，还原氧化石墨烯表面丰富的官能团使其对很多分子具有特异性识别能力。研究者们基于此原理设计了一系列柔性石墨烯传感器，可以实现多种物理、化学信号的快速、实时、精准检测。图 5-24 为贴附于不同柔性衬底上的石墨烯气体传感器的结构示意。

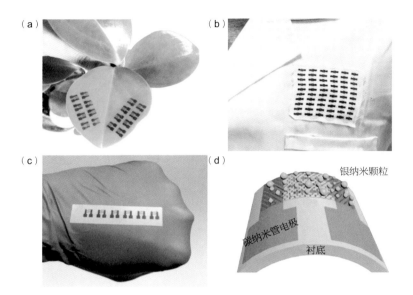

图 5-24　不同衬底上的石墨烯柔性气体传感器
　　　　　（a）叶子；（b）布料；（c）便签纸；（d）结构示意

提示与启发　石墨烯传感器为什么能探测不同类型的气体?

拓展知识　除了压力传感器、气体传感器外，还有哪些类型的石墨烯传感器?

电磁屏蔽：世外桃源

石墨烯可以作为电磁屏蔽材料隔离电磁辐射

随着现代电子工业的快速发展，各种无线通信系统和高频电子器件的数量急剧增加，内部芯片密集化程度逐渐提高，导致电磁干扰现象和电磁污染问题日益突出，不仅在通信领域中对信号的产生、传播和接收带来极大影响，还会产生较为严重的电磁辐射污染。电磁辐射不仅对精密电子器件造成较大干扰，还严重威胁人们的健康，给人类社会的生产与生活带来不容忽视的危害。

无论是汽车的中控集成式系统、高性能音响系统，还是体积越来越小的通信设备，或是精度要求越来越高的仪器仪表，要保证这些电子设备的正常运行，有效地抑制电磁干扰、防止电磁污染至关重要，迫切需要开发具有高屏蔽效能的超薄、轻质、高强度和导热的电磁屏蔽材料。

电磁屏蔽是指通过屏蔽材料的反射或吸收来阻止指定区域处的电磁波传播。电磁波传播至屏蔽材料表面时，通常以3种不同机理发生衰减（见图5-25）：

（1）在屏蔽材料外表面由于阻抗失配而引起电磁波的反射损耗（SER）；

（2）屏蔽材料吸收进入材料内部的电磁波所引起的吸收损耗（SEA）；

（3）屏蔽材料内部的多次反射衰减（SEB）。

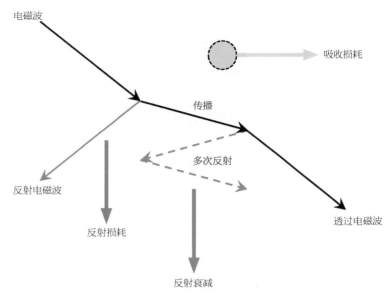

电磁波

吸收损耗

传播

反射电磁波

多次反射

反射损耗

透过电磁波

反射衰减

图 5-25　电磁屏蔽原理

屏蔽效能（Shielding Efficiency，SE）可用式（5-1）表示。

$$SE=SER+SEA+SEB \qquad (5\text{-}1)$$

若要实现反射损耗，则要求屏蔽材料具有在磁场中可自由移动的载流子，即良好的导电性；若要实现吸收损耗，则要求屏蔽材料具备大量的电或磁偶极子，即高电磁损耗性、高磁导率和适合的介电常数；若要实现反射衰减，则要求屏蔽材料中的多孔结构能大量提高多重反射和多重散射次数，从而有效地提升屏蔽性能。

传统的电磁屏蔽材料利用金属腔体对电磁波的隔离作用实现屏蔽，但金属材料具有密度大、易腐蚀等缺点，且屏蔽原理以反射电磁波为主，会造成二次污染，因而应用场景受限，难以实现轻量化和大规模应用。因此，在便携式可穿戴设备和航空航天材料中，具备优异力学性能和超低密度的电磁屏蔽材料才是关键。目前，电磁屏蔽材料向高屏蔽、宽频、轻质等方向发展。可通过多孔、多层结构设计，纳米导电填料和导磁填料的改性、分散、复合等协同作用，实现电磁屏蔽阻抗匹配及高电磁屏蔽性能。

蜂窝状多孔的石墨烯材料具备超高的电磁屏蔽性能。高密度缺陷和多界面的三维蜂窝状网络结构中含有丰富的石墨烯边缘和无序结构，因此，进入材料表面的电磁波会被蜂窝结构的石墨烯多次反射和吸收，最后以热能的形式耗散。同时，蜂窝状结构能大大降低材料的密度，使材料以超低密度实现超高电磁屏蔽性能，从而实现轻量化的电磁屏蔽应用，如应用于航空航天和可穿戴电子设备领域。

在石墨烯/高分子复合材料中，高分子材料具有密度低、加工便捷、耐腐蚀等优点，在其中添加石墨烯制成的高分子基电磁屏蔽材料与纯高分子材料相比，密度大大降低。近年来，以聚氨酯及偏聚氟乙烯为基体的轻质石墨烯增强树脂基电磁屏蔽材料，得到了越来越广泛的应用。如图 5-26 所示，在放置精密仪器设备的实验室内，铺设大量石墨烯/树脂电磁屏蔽衬层，可以消除电磁辐射对仪器的干扰。可想而知，如果没有轻量化的电磁屏蔽材料，满足如此大面积的屏蔽需求是多么困难。

提示与启发　石墨烯屏蔽电磁波的原理是什么?

拓展知识　为什么要开发轻量化的电磁屏蔽材料?

图 5-26　石墨烯 / 树脂电磁屏蔽衬层

助力环境保护

环境问题成为全球关注的焦点。石墨烯的大比表面积等结构特性使其具有良好的吸附性能,在空气净化、水处理和土壤治理等环境保护领域具有广阔的应用前景。

空气净化：沁人心脾

石墨烯气凝胶具有多孔结构及丰富的吸附位点

人类社会的发展建立在资源消耗的基础上。城市化和工业化的发展带来了大气污染问题，严重危害人类健康，乃至给自然生态环境和气候变化带来了极为不利的影响。当下，大气污染问题已经成为世界各国共同面临的重大挑战。

吸附法被认为合理有效的治理空气污染的方法，到目前为止已有很多碳材料，如活性炭、碳纳米管等被用于净化废气。石墨烯由于具有大比表面积、丰富的孔结构及较强的吸附性能，在大气治理方面表现出巨大的应用潜力。石墨烯吸附气体分子主要依靠静电吸附作用、色散相互作用、范德瓦耳斯力和电荷转移来实现。

前文介绍过石墨烯凝胶按内部分散介质种类可分为石墨烯水凝胶和石墨烯气凝胶。石墨烯气凝胶是以石墨烯层片为基本组成单元，组装成的三维多孔宏观结构。这种结构兼具石墨烯和气凝胶的优势，如超大的比表面积、超高的孔隙率、超强的压缩回弹性、超轻的密度以及出色的吸附能力。

石墨烯气凝胶用于空气净化的原理在于其丰富的纳米级与微米级孔结构，为气体提供了快速传输通道。巨大的比表面积使气凝胶拥有大量的吸附位点供气体分子吸附，对还原性气体 H_2S、SO_2、HI 等有很好的吸附作用。提升石墨烯气凝胶吸附性能的优化方式有多种，如使用聚乙烯亚胺将石墨烯气凝胶功能化，以获得更大的比表面积和更多的活性吸附位点，进而加强对污染气体、悬浮颗粒的吸附。

此外，石墨烯气凝胶对挥发性有机化合物（Volatile Organic Compounds，VOCs）的吸附去除也很有效。VOCs 是在常温下，沸点 50 ～ 260 ℃的各种有机化合物。VOCs 有 300 多种，主要包括醇类、醛类、烯烃类、芳香族化合物、卤代 VOCs、酮类、多环芳烃等。VOCs 具有沸点低、蒸气压高、反应性强等特点，是空气中的主要污染物。大多数 VOCs 对人体健康和生态环境都有害。就人体健康而言，VOCs 具有剧毒和致癌性，会引起呼吸道问题、急性中毒或慢性毒性以及鼻肿瘤。而对于生态环境，VOCs 会带来温室效应、光化学烟雾、平流层臭氧消耗等严重问题。

在众多 VOCs 去除技术中，吸附法被认为成本低、无二次污染的最有效方法之一。VOCs 的吸附能力由吸附剂的表面疏水性和密度决定。图 5-27 是一种三维分层多孔石墨烯气凝胶，用于化学试剂的有效吸附和预浓缩。与普通石墨烯气凝胶相比，这种三维分层多孔气凝胶在较高的相对湿度下对 VOCs 表现出更高的吸附能力。这主要是由于该气凝胶的三维分层多孔结构能促进污染气体扩散，且能通过疏水相互作用扩大 VOCs 分子与活性吸附位点之间的相互作用。

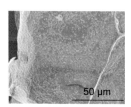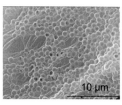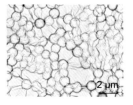

图 5-27　三维分层多孔石墨烯气凝胶的内部结构

提示与启发　　　　石墨烯气凝胶为什么可以吸附有害气体?

拓展知识　　　　还有哪些三维多孔材料具有吸附能力呢?

石墨烯薄膜具有多种孔结构，可用于空气净化

目前，商用空气净化过滤材料（如高效空气过滤器等）的优点是有效、安全，但只能过滤 0.3 μm 以上的悬浮微粒，且无法过滤有害气体。通过选择不同孔洞尺寸的石墨烯薄膜作为过滤材料，可去除更小尺寸的污染物和气体分子（见图 5-28）。

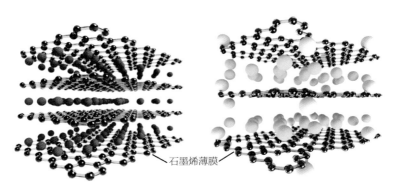

石墨烯薄膜

图 5-28　过滤性能可调控的石墨烯薄膜

颗粒物（Particulate Matter，PM）污染已对公众健康造成严重威胁。PM 2.5 是指空气动力学直径小于 2.5 μm 的颗粒物，是引发疾病的最常见污染物。为了阻止 PM 2.5 对人类身体健康产生有害影响，迫切需要高效、高稳定性和低成本的空气过滤器。采用改进的 Hummers 方法制备氧化石墨烯，再通过涂层等技术制备的氧化石墨烯膜，同时具有吸附剂和过滤器的作用，可以高效捕获 PM 2.5。

有研究者将氧化石墨烯与高分子材料制备成复合膜用于吸附实验。例如，采用静电纺丝和物理结合的方法，制备巢状、多层结构的

聚丙烯腈 / 氧化石墨烯（Polyacrylonitrile/Graphene Oxide，PAN/GO）
纳米纤维复合膜和纯聚丙烯腈（Polyacrylonitrile，PAN）纳米纤维膜，
并用于 PM 2.5 的过滤和分离。当吸附时间相同时，PAN 纳米纤维膜
与 PAN/GO 纳米纤维复合膜上吸附的 PM 2.5 颗粒大小不同。如图 5-29
所示，在 PAN 纳米纤维膜中，PM 2.5 大部分被捕获在纤维的节点处，
而在 PAN/GO 纳米纤维复合膜中，PM 2.5 在每根纤维上的分布更均匀。

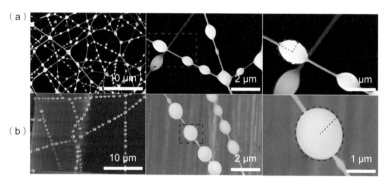

图 5-29　吸附 PM 2.5 后，PAN 纳米纤维膜和 PAN/GO 纳米纤维复合膜的微观
　　　　结构
　　　　（a）PAN 纳米纤维膜；（b）PAN/GO 纳米纤维复合膜

　　从净化效果看，PAN/GO 纳米纤维复合膜有效增加了比表面积，同
时形成巢状、橄榄状等类似串珠的结构，提高了过滤效率和吸附性能。
例如，当 PAN/GO 纳米纤维复合膜暴露在 PM 2.5 浓度约 460 μg·m^{-3}
的环境中时，对 PM 2.5 的去除率可达 99.6%。吸附 100 h 后，PAN/
GO 纳米纤维复合膜仍能保持 99.1% 的 PM 2.5 去除率，表现出良好的
长期工作稳定性。此外，PAN/GO 纳米纤维可作为空气过滤面罩的材
料，有望成为一种新兴的空气净化介质的替代品。

提示与启发　为什么石墨烯薄膜具有吸附能力？

拓展知识　石墨烯薄膜还能用于哪些领域？

石墨烯/金属-有机骨架复合材料用于空气净化

氧化石墨烯的结构中存在很多含氧官能团，如羧基、环氧基和羟基等。利用这些含氧官能团与其他材料的官能团之间的相互作用所制备的复合材料，可以作为吸附剂来有效吸附气体小分子、有机物以及金属离子等污染物，并通过吸附、催化和过滤等作用来实现空气净化。

能与石墨烯构成复合材料的功能材料包括无机半导体、金属有机框架（Metal Organic Framework，MOF）材料、纳米纤维、石墨相氮化碳等。其中，MOFs（MOFs 是 MOF 的复数形式）作为一类有机－无机杂化材料，其与石墨烯复合形成的石墨烯基复合材料近年来备受关注。MOFs 是由无机金属中心（金属离子或金属簇）与桥连的有机配体通过自组装相互连接，形成的一类具有网状结构的晶态多孔材料，其优点在于结构与功能具有多样性等（见图 5-30）。相比三维石墨烯材料，MOFs 材料更稳定，可修饰位点更多，且具有一定的催化作用。因此，石墨烯材料与 MOFs 进行复合后，可用于空气净化领域。

石墨烯与 MOFs 制备成石墨烯基复合材料的方法有很多。例如，通过原位结晶化或物理混合等方法得到石墨烯 /MOF 复合材料、采用溶剂热法制备氧化石墨烯 /MOF 复合材料等。还有研究者在三维石墨烯中添加结晶化的 MOF，制备三维石墨烯 /MOF 复合材料（见图 5-31）。

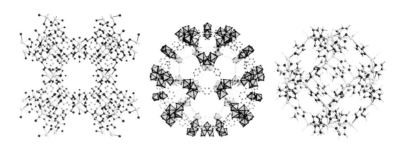

图 5-30　3 种网状结构的多孔 MOFs

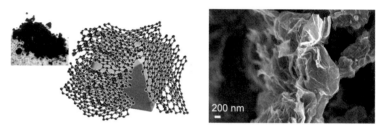

图 5-31　三维石墨烯 /MOF 复合材料的实物及微观结构

　　该三维石墨烯 /MOF 复合材料对苯等有毒气体具有很好的吸附性能（见图 5-32）。在 20 ℃、相对压力为 1 的条件下，三维石墨烯 /MOF 复合材料对苯的吸附容量为 24.5 mmol · g^{-1}，约为纯 MOF 的 2 倍。虽然在这一条件下，三维石墨烯具有更高的苯吸附量（33.6 mmol · g^{-1}），但其在中低相对压力下的苯吸附量远低于纯 MOF 或三维石墨烯 /MOF 复合材料。因此与纯 MOF 或三维石墨烯相比，三维石墨烯 /MOF 复合材料在较宽的相对压力范围内具有更好的苯吸附性能。此外，与纯 MOF 相比，三维石墨烯 /MOF 复合材料具有更好的热稳定性。

提示与启发　　MOFs 与石墨烯形成复合材料的过程及机理是什么？

拓展知识　　还有哪些石墨烯基复合材料可以用于空气净化？

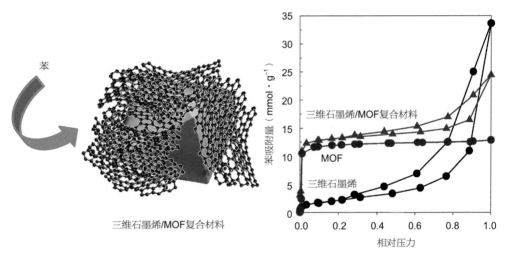

苯

三维石墨烯/MOF复合材料

三维石墨烯/MOF复合材料

MOF

三维石墨烯

苯吸附量（mmol·g^{-1}）

相对压力

图 5-32　三维石墨烯 /MOF 复合材料的吸附性能测试

水处理：润物无声

石墨烯基复合材料直接吸附污水中的有害成分

水污染严重危害生态安全。污水处理的主要途径是通过物理和化学的方法去除水体的生物污染、化学污染和物理污染。石墨烯由于具有大比表面积、高强度、化学稳定等特性，可以吸附和降解污水中的有机组分、微生物和重金属等有害物质。

吸附是溶质从气相或液相转移到固相吸附剂的过程。通过吸附，可以达到分离、去除有害物质的目的。吸附法主要依靠吸附剂的活性位点与被吸附分子之间的相互作用，将污染物分子聚集于吸附剂的表面，通过对吸附剂进行后处理达到净化污水的目的。该方法因成本相对较低、操作简便及处理效果好等优点被广泛应用于污水处理。

如前所述，采用改进的 Hummers 法制备的氧化石墨烯是一种高效的吸附剂，其表面的含氧官能团可以与水中的重金属离子发生络合[①]反应，也可以与有机污染物（如亚甲基蓝染料等）发生相互作用，从而去除水中的重金属离子和有机污染物，原理如图 5-33 所示。

在去除污水中的重金属离子污染物方面，有研究者使用氧化石墨烯来研究其对水中 Cu^{2+} 的吸附效果。通过碳纳米管、活性炭与氧化石墨烯的对比实验可知，氧化石墨烯对水中 Cu^{2+} 的吸附效果最佳，且其制备成本较低，制备过程简便。

---

① 分子或离子与金属离子结合，形成很稳定的新的离子的过程就叫络合。

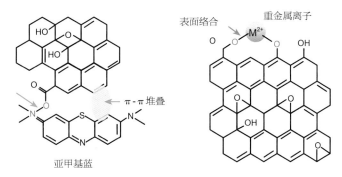

图 5-33　氧化石墨烯吸附重金属离子和有机污染物的原理

　　在去除污水中的有机污染物方面的研究主要集中于对有机染料的去除。有研究者通过氧化石墨烯去除亚甲基蓝：氧化石墨烯通过 π-π 和静电等相互作用吸附亚甲基蓝分子，促进氧化石墨烯 / 亚甲基蓝络合物的沉淀，从而将络合物从溶液中去除（见图 5-34）。

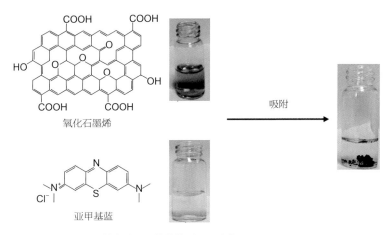

图 5-34　氧化石墨烯去除亚甲基蓝的原理及实物

　　另有研究者考察了不同氧化程度的石墨烯对亚甲基蓝的吸附作用。结果表明，氧化程度越大，氧化石墨烯对亚甲基蓝的吸附量越大。原因在于氧化石墨烯表面官能团使其带负电荷，氧化程度越大意味着带负电荷的表面官能团越多，而亚甲基蓝的表面带正电荷，氧化石墨烯和亚甲基蓝的相互作用越强（见图 5-35）。

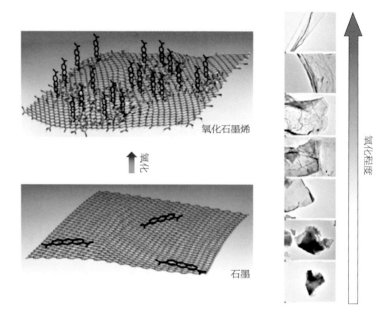

图 5-35　石墨烯的氧化程度示意

此外，功能化的石墨烯基复合材料在去除污水中的染料方面经济环保，具有很高的应用价值。

提示与启发　氧化石墨烯为什么可以去除污水中的有害成分？

拓展知识　哪些石墨烯基复合材料可以用于水处理？

石墨烯基复合材料提高光催化降解中的吸附活性

高效安全地消除低浓度、高毒性、难降解的有机污染物一直是环境化学领域面临的最具挑战性的课题之一。污水中的有机污染物对人类健康造成极大威胁，导致极为严重的生态问题。

光催化技术是光催化剂直接利用太阳能将有机物降解为无毒的二氧化碳和水的一种绿色的污水处理方法，从而达到净化污染物、合成和转化物质等目的。二氧化钛是最常用的光催化剂之一。光照下，二氧化钛生成电子（e^-）和空穴（h^+），电子与二氧化钛表面吸附的氧气反应，形成超氧阴离子自由基，空穴则与二氧化钛表面吸附的水分反应，形成氢氧自由基，这类自由基氧化性很强，几乎能降解所有的有机物，将污水中的有害化学物质降解为二氧化碳和水（见图5-36）。

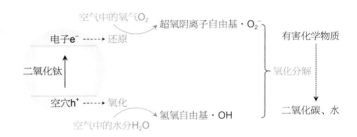

图 5-36 二氧化钛光催化降解污染物的原理

但二氧化钛受光激发产生的电子－空穴对极易重组复合，而石墨烯具有的独特的电子传输特性可以降低光载流子的复合，提高二氧化钛的光催化效率。石墨烯／二氧化钛复合材料是最常用的降解染料等污染物的光催化剂之一。与纯二氧化钛、商用二氧化钛等材料相比，石墨烯/二氧化钛复合材料在可见光下的光降解污染物的效率明显增强，这主要是由于复合材料所具备的大接触面积、二氧化钛的纳米尺寸和石墨烯的高导电性所导致的。目前，用石墨烯/二氧化钛复合材料来进行光降解的有机物有亚甲基蓝、罗丹明B、甲基橙、苯酚、丙酮、孔雀绿等。

除了二氧化钛，在具有良好分散性的石墨烯/氧化石墨烯溶液中掺入第二组分后，也可以通过各组分间的相互作用，实现溶液中有机污染物的光催化降解。常见的第二组分包括金属氧化物（氧化锌、氧化铜等）、金属纳米粒子（镍、银等）、金属化合物（硫化镉、硫化锌等）等。一般来说，第二组分的形貌和缺陷，以及其在石墨烯上的分布对光催化性能有重要影响。

光催化降解与吸附的协同作用，对污染物的去除效果优于单一光催化降解或吸附的情况。例如，通过水热法制备一种氧化石墨烯与氧化镍的复合材料，在可见光的作用下进行光催化降解和吸附，2 h后该复合材料对污水中亚甲基蓝的去除率高达97.54%。此外，该复合材料在黑暗中和可见光下的去除效果存在显著差异，表明光催化反应促进了亚甲基蓝的降解（见图5-37）。

提示与启发　光催化降解中，石墨烯基复合材料的作用是什么？

拓展知识　石墨烯可以与哪些金属纳米粒子形成复合材料来进行光催化降解？

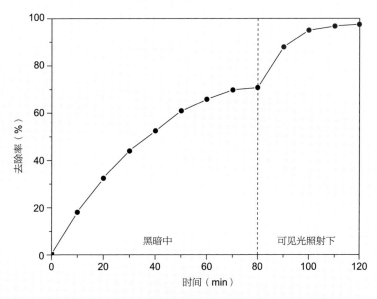

图 5-37 氧化石墨烯 / 氧化镍在黑暗中和可见光下对亚甲基蓝的去除效果对比

石墨烯基复合材料膜分离技术

膜分离技术是利用膜对混合流体中各物质组分的选择透过性，来实现各组分的分离、纯化和浓缩。由于该技术具有分离效率高、节能环保、操作简单等优点，已成为解决全球能源、环境、水资源等重大问题的支撑技术之一。单一的分离膜因其固有性质（如亲水性一般等）在分离过程中会造成膜污染，导致膜分离性能下降、能耗增加、使用寿命短等问题。因此，开发性能优异的复合膜是膜分离技术领域的研究重点。

目前，膜分离技术中采用的主要膜材料为高分子材料，如纤维素、聚酰胺和聚砜等。高分子膜耐高温性、耐氧化性和耐酸碱性差，易溶于有机溶剂，所以在实际应用中存在局限性。因此，具有耐高温性和化学稳定性的膜材料具有较大的应用潜力。例如，采用真空过滤辅助组装法将氧化石墨烯与聚丙烯腈复合制成的氧化石墨烯/聚丙烯腈复合膜（见图5-38），在较高温度和盐浓度的海水中表现出高性能。

对于氧化石墨烯复合膜，可通过调控其层间距离，截留污染水体中溶解的有机物、细菌和金属离子等来调节膜的性能。相较于纯聚偏氟乙烯膜，真空抽滤法制备的碳纳米管/氧化石墨烯/聚偏氟乙烯复合膜对湖泊水体中的磷、浊度和色度等的截留率都有较大提升。此外，利用氧化石墨烯复合膜具有的水通量大、脱盐性能优良、抗污染能力强等特点，可以促进工业废水的深度处理和回用，增加水循环次数，缓解水资源紧张问题。需要注意的是，对氧化石墨烯复合膜的成本控制，是扩大其在处理工业废水领域应用规模的关键。

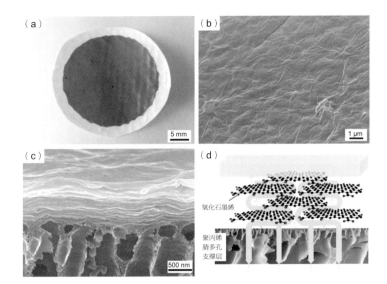

图 5-38　氧化石墨烯 / 聚丙烯腈复合膜
（a）实物；
（b）膜表面的微观图像；
（c）膜截面的微观图像；
（d）过滤原理

　　除了去除污水中的有机物、细菌、金属离子外，清除含油废水和治理原油泄漏是一项全球性挑战。传统膜材料的油 / 水分离效率低下，且由于原油的高黏度限制了膜材料的吸附速度。此外，膜污染问题是膜材料应用于污水处理技术的主要障碍之一。开发具有高效油 / 水分离性能并能有效去除原油的膜材料十分重要。有研究者提出了一种石墨烯包裹的聚苯硫醚复合纤维膜，该膜具有优异的耐化学性、疏水性和亲酯性，可实现全天候高效的油 / 水分离。晴天可通过太阳能加热、阴雨天或晚上可通过焦耳加热来降低原油的黏度，从而吸收泄漏的原油。焦耳加热和太阳能加热使原油的吸附时间分别缩短 98.6% 和 97.3%，大大提高了吸附效率，有效降低了能耗（见图 5-39）。

提示与启发　　氧化石墨烯用于膜分离技术的基本原理是什么？

拓展知识　　氧化石墨烯复合膜在其他领域的应用有哪些？

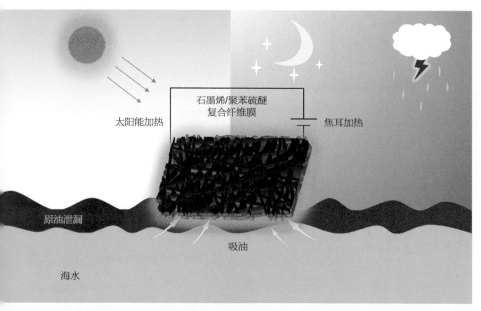

图 5-39　石墨烯 / 聚苯硫醚复合纤维膜用于原油吸附

土壤治理：守护生态

石墨烯修复技术能降解土壤污染物

土壤是环境的重要组成部分，但农药等诸多有机污染物伴随着工农业生产过程被直接排入土壤，对生态环境造成严重危害。由于大多数有机污染物具有水溶性差、难降解和高毒性等特点，会改变正常土壤的结构和功能，弱化土壤的生产能力，并通过生物富集作用对人体产生致突变、致畸和致癌等潜在危害。因此，对污染土壤的修复是环境保护领域的研究热点之一。

随着科技的发展及修复技术的不断创新，纳米材料修复技术作为一种高效、经济的有机污染土壤修复技术逐渐进入人们视野。纳米材料具有巨大的比表面积、超强的吸附能力和优异的催化活性，与传统有机污染土壤的修复技术相比，纳米材料修复技术克服了传统修复技术的部分缺点，在有机污染土壤修复中表现出极高的修复效率。

在众多纳米材料中，大量新兴的碳基纳米材料（如富勒烯、碳纳米管、石墨烯等）具有高孔隙率、大比表面积、疏水性、π电子共轭结构等特点，对许多具有强疏水性和非极性的有机污染物有很强的吸附亲和力。例如，富勒烯可以作为有机污染物的疏水性载体促进有机污染物在土壤中的迁移，碳纳米管的外表面和管壁之间可以作为有机污染物的通道。石墨烯与有机污染物之间可以形成$\pi-\pi$键，对有机污染物具有超强的吸附能力。同时，功能化的石墨烯（如氧化石墨烯）具有丰富的官能团和强酸性，对碱性化合物和阳离子具有高吸附性。

工业活动将大量金属（铜、镉、铅、锌等）和类金属（砷等）释放到环境中，对生态系统造成严重破坏。此外，金属和类金属危害人类健康，有些金属和类金属即使在非常低的浓度下也是有毒的，甚至是致癌的或致畸的。与可降解为无害小分子的有机污染物不同，无机污染物在生化反应中不易被降解，难以从土壤中被去除。

对于被铜、镉、铅、锌、砷污染的土壤，研究者们探究了一种借助氧化石墨烯的修复方法，并将其与纳米零价铁（Nanoscale Zero-Valent Iron，nZVI）的修复效果进行对比。nZVI 具有粒径小、比表面积大、表面吸附能力强、反应活性强、还原效率高、还原速度快等优点，因修复成本低、环境扰动小、健康风险低等特点有望应用于有机污染水体和土壤的修复领域。与 nZVI 相比，氧化石墨烯可以实现铜、镉、铅的有效固定，防止对土壤的污染，但会促进砷在土壤中的迁移。而 nZVI 可以有效固定砷和铅，但对镉的固定效果较差，同时会促进铜在土壤中的迁移。氧化石墨烯可与 nZVI 互为补充，共同提高土壤修复的效果（见图 5-40）。

尽管目前关于石墨烯对土壤环境的影响的研究集中于理论和实验阶段，与大气和水相比，石墨烯在土壤治理与改善方面的应用研究尚处于探索起步阶段，但未来必将发展成为石墨烯材料治污领域非常重要的方向。

提示与启发 石墨烯基复合材料如何作用于土壤治理？

拓展知识 相比于空气和水，土壤治理为什么更难实现？

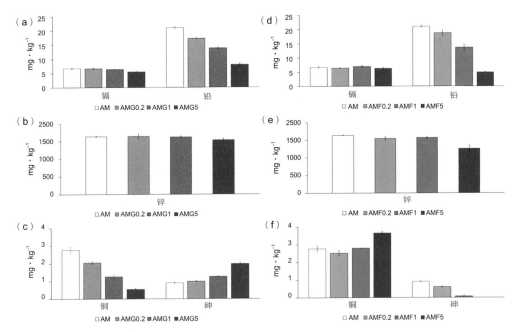

图 5-40　氧化石墨烯纳米颗粒和 nZVI 修复土壤的效果对比

（a-c）氧化石墨烯纳米颗粒对铜、镉、铅、锌、砷的固定效果；

（d-f）nZVI 对铜、镉、铅、锌、砷的固定效果

（＊注：AMG0.2、AMG1、AMG5 分别表示含质量百分比为 0.2%、1%、5% 的氧化石墨烯的金属污染土壤样品；AMF0.2、AMF1、AMF5 分别表示含质量百分比为 0.2%、1%、5% 的 nZVI 的金属污染土壤样品；AM 为纯的金属污染土壤样品）

携手生物医学

生物医学与生物信息学、医学影像技术、基因芯片技术、纳米技术等息息相关。石墨烯在生物医学领域的应用已崭露头角，在抗菌消毒、成分检测、细胞成像、药物载体等方面有望发挥重大作用。

抗菌消毒：硬核净化

抗菌、消毒性能的评价指标：抗菌率、灭活率

过去几十年中，由于抗生素的滥用导致单细胞病原菌出现顽强的耐药性，开发新的抑菌策略变得日益重要。纳米材料的抗菌技术具有合成简单、成本低、可按需求定制的优点。石墨烯材料（包括石墨烯及其衍生物，如石墨烯、氧化石墨烯、还原氧化石墨烯等）具有独特的二维表面化学结构和尖锐的物理边缘结构，尤其是具有丰富的含氧基团的氧化石墨烯，是目前研究最多的抗菌材料之一。石墨烯材料的抗菌机理主要有 4 种（见图 5-41）。

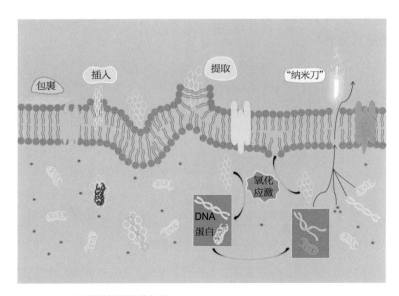

图 5-41　石墨烯材料的抗菌机理

（1）石墨烯材料是一种纳米厚度的片层材料，对于细菌而言类似一把"尖刀"，可以划破细菌表面，导致细菌内的营养物质逐步流失，最终凋亡。

（2）石墨烯材料表面的含氧基团会导致细菌产生"氧化应激"效应，类似人类的过敏反应，细菌也会产生"不适"，并迅速发生老化，最终凋亡。

（3）石墨烯材料具有极大的横向尺寸，可以将细菌"包裹"起来，但是细菌所需的营养物质并不能从石墨烯材料的表面穿过，因此细菌最终"饥饿而亡"。

（4）石墨烯材料具有大比表面积和较强的疏水性，可以通过插入或提取的方式破坏细菌表面的磷脂分子，从而破坏细胞膜结构，引起细菌死亡。

根据石墨烯材料和细菌的不同接触状态，上述几种机制协同作用会导致细胞膜的完全破坏（杀菌作用）和细菌生长的阻遏（抑菌作用）。但有些细菌是有害的，有些则是有益的，这就需要对石墨烯的表面进行"修饰"，从而使石墨烯选择性地杀伤指定的细菌，达到治疗的效果。除了在石墨烯材料表面进行"修饰"外，影响抗菌效果的另一重要因素是石墨烯材料本身的结构及物理化学属性。石墨烯材料的结构特点主要由 3 个参数决定：层数、平均横向尺寸和化学组成（碳／氧比）（见图 5-42）。石墨烯的层数越少，抗菌能力越强，这主要与石墨烯比表面积增大、缺陷增多、边缘切割作用变强有关。石墨烯材料的横向尺寸会影响石墨烯边缘对细菌和病毒的切割作用，进而影响实际的杀菌效果。此外，细菌的形状、生理条件及外界的非生物因素也会影响石墨烯材料的抗菌效果。

相比之下，病毒的尺寸远小于细菌，"切割"和"包裹"对病毒的抑制并不适合。因此，在对抗病毒时通常利用氧化石墨烯将病毒吸附于表面，再通过"氧化应激"的方式使其失去活性，从而使其无法在细胞中进行复制和转移。

　　抗菌率是评价抗菌性能的主要指标，具体是指一段时间后，某种材料与对照材料表面细菌数量的对比结果。抗菌率越接近 100%，说明残留的细菌越少，抗菌效果越好。病毒并非生物，无法用"杀除率"来计算，而要用"灭活率"来计算，灭活率越接近 100%，说明残留的病毒越少，抗病毒效果越好。

　　抗菌消毒的手段千差万别，但往往伴随着对人体的损害。例如，抗生素有一定生物毒性，消毒水会引起皮肤敏感，纳米银等属于重金属材料。相比之下，石墨烯是一种纯碳材料，对人体基本没有不良影响，是更健康绿色的抗菌添加材料。石墨烯和人们日常使用的纤维复合，可以制成石墨烯复合纤维，具备优越的抗菌消毒功能，不仅可以在医用场所（如医用床单等）使用，还可以制成服装，使人们免受各类细菌和病毒的侵扰。

提示与启发　　为什么石墨烯具有良好的抗菌和消毒效果？

拓展知识　　石墨烯是否能杀除更大的生物（如螨虫）？

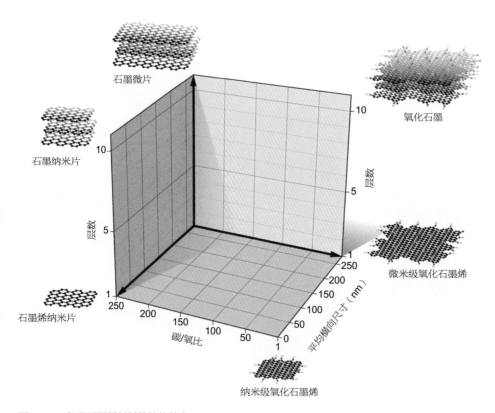

石墨微片

氧化石墨

石墨纳米片

层数

层数

10

5

10

5

微米级氧化石墨烯

石墨烯纳米片

1
250   200   150   100   50   1

碳/氧比

平均横向尺寸（nm）

250
200
150
100
50
0

纳米级氧化石墨烯

图 5-42　各类石墨烯材料的结构特点

生物检测：独具慧眼

石墨烯能用于成分检测、发光成像

生物检测在生命健康监测中扮演着重要的角色，要完成一次准确的检测，往往需要运用多种精密的传感器，其中较为常见的是电化学传感器。电化学传感器是现代分析化学中常用的一种传感器，其原理是利用特定的传感元件与待测物发生反应，产生传感信号。电化学传感器能将传感信号转换为与待测物浓度成比例的可识别电信号，从而实现定性或定量分析。电化学传感器主要由两部分组成：识别系统和转换系统，其基本结构和原理如图 5-43 所示。

待测物　　　　　识别系统　　　　转换系统

传感信号　　　电信号

图 5-43　电化学传感器的工作原理

随着新型冠状病毒肺炎（COVID-19）疫情在世界各地蔓延，检测仍然是追踪和控制病毒的关键策略。研究者们开发了一种基于石墨烯的电化学传感器，可以选择性地检测新型冠状病毒（SARS-CoV-2）的遗传物质。在制备这种电化学传感器时，首先在滤纸上涂上一层石墨烯纳米片，制作石墨烯导电膜。然后，在石墨烯导电膜表面沉积金电极。金和石墨烯都具有很高的灵敏度和导电性，可以超灵敏地检测电信号的变化。此外，该传感器还配有检测病毒 RNA 的探针。使用该探测器测定患者鼻拭子或咽拭子样本时，若检测结果为阴性，则电信号无明显的电压变化；若检测结果为阳性，则电信号显示出明显的电压变化（见图 5-44 ）。

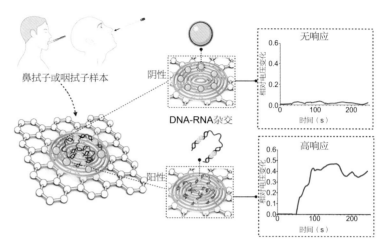

图 5-44　石墨烯参与电极表面电子流动过程示意

　　基于石墨烯优异的电学性能，许多用于生物检测的传感器被先后开发出来，更好地检测血液、汗液、尿液等生物体系中的分子和离子浓度，实现疾病标志物快速、准确的探测与追踪。

　　石墨烯及其衍生物除了用于电化学传感器外，还能作为一种淬灭剂[①]，通过发光变化来检测物质。染料分子在激光照射下，会发出与激光波长不一样的强光。当染料分子距离氧化石墨烯很近时（ 7 ~ 10 nm ），由于氧化石墨烯具有很好的吸光能力和能量转移能力，染料分子发出的光会被氧化石墨烯全部吸收，导致一片"黑暗"，这个过程就称为"淬灭"。如果在氧化石墨烯表面搭载一些待测物识别基元，如抗体、核酸适配体等，那么在检测过程中一旦出现待测物，

① 淬灭剂指通过分子间的能量转移，迅速而有效地将激发态分子淬灭，使其转变成热能或荧光或磷光，从而回到基态的一类物质。

氧化石墨烯就会立刻离开染料分子，而与待测物结合。此时，染料分子发出的光就会因为氧化石墨烯距离太远而不能被其所吸收，因而会继续发光。因此，通过检测染料分子是否发光即可判断待测物存在与否，还能根据染料分子的亮度判断待测物的浓度，这就是石墨烯用于荧光传感器的检测原理（见图 5-45）。

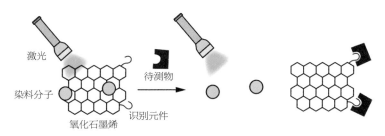

图 5-45　荧光传感器的检测原理

除了淬灭染料分子，石墨烯本身也可以作为光源。基于石墨烯在光照下发光的现象，可将其用于生物成像。这类似于在细胞内安装一个"灯泡"，利用"灯泡"照亮周围的细胞和组织，再配合特殊的检测设备即可清楚地观察细胞和组织的形态，当然，这个"灯泡"必须足够亮才行。相比于传统的染料分子，石墨烯作为"灯泡"的发光能力比较弱，需要特殊的技术加以改进（见图 5-46）。

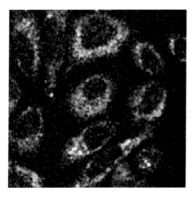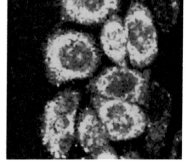

图 5-46　发光的染料分子用于细胞成像

石墨烯量子点是解决石墨烯发光能力弱的途径之一。石墨烯量子点是指石墨烯层片尺寸在 100 nm 以内，层数在 10 层以下的一种碳质荧光材料。这类荧光材料的发光能力较强，且经过表面化学修饰后，发光能力可进一步提升，同时具有很好的生物相容性。石墨烯量子点进入细胞后，配合激光照射就能清楚地观察细胞的结构了（见图 5-47）。

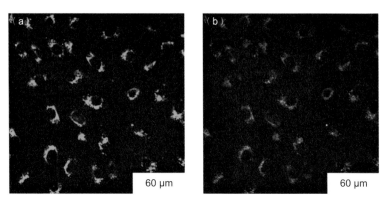

图 5-47　石墨烯量子点在不同波长激光照射下的发光成像
（a）405 nm；（b）488 nm

提示与启发　石墨烯成像相比于传统的彩超成像有哪些优缺点？

拓展知识　除了传感，石墨烯修饰的电极还能应用于哪些生物检测领域？

药物载体：药到病除

石墨烯能装载、运送、释放基因和药物分子

现代医学的进步，离不开药物的开发与应用。药物在被口服或注射后，通过血液循环到达全身，并在病症部位发挥作用，但是这样非定向治疗的效率比较低。如果某些药物不能准确地到达目标部位，而是无规律地四处乱跑，反而会对人体造成巨大伤害。例如，以顺铂为代表的化疗药物，对癌细胞和正常细胞都有很强的杀伤力。一些活动较旺盛的正常细胞往往也会吸收大量的化疗药物而坏死，给患者带来巨大痛苦。可见，如何实现靶向治疗是开发药物需要解决的一个重要难题。

石墨烯及其衍生物可以作为药物载体，实现药物的装载、运送与定向释放。这是因为石墨烯具有层状的二维平面结构，氧化处理后具有丰富的含氧官能团。借助含氧官能团，通过 π - π 堆积、化学修饰等方式，可以使药物分子稳定、牢固地装载在氧化石墨烯表面。在氧化石墨烯表面修饰抗体、核酸适配体等生物分子，通过构型匹配等方式能与目标细胞产生紧密的结合力，成为识别目标细胞的"定位系统"，即可准确地将药物运送到目标细胞。到达目标细胞后，在光、热、pH 等条件变化的影响下，氧化石墨烯表面结构会发生变化，其与药物分子的结合力会被破坏，从而将药物分子释放，让药物分子准确无误地到达需要发挥作用的地方。例如，氧化石墨烯装载抗癌药物阿霉素，对癌细胞具有较强的杀伤能力。又如基于氧化石墨烯的纳米药物可以实现一氧化碳气体的可控释放，发挥抗炎作用（见图 5-48 ）。

图 5-48　基于氧化石墨烯的纳米药物

　　除了装载抗癌药物，氧化石墨烯还能通过表面修饰充当基因载体，装载特定的基因片段，进入细胞内用于基因治疗。所谓基因治疗，就是将设计好的基因片段导入基因异常的细胞，以修复异常基因的表达过程并治疗由其所引起的疾病。基因治疗在癌症、帕金森等疾病的治疗方面具有巨大潜力。而基因治疗所用到的基因片段在体内往往非常不稳定，会被溶酶体等细胞器所分解。但这些基因片段能够稳定、均匀地吸附于氧化石墨烯的表面，随后被目标细胞摄入并在细胞内发挥治疗作用。此外，利用石墨烯先后运载基因片段和抗癌药物，可在阻断癌细胞耐药基因表达的同时"杀死"癌细胞，提升治疗效果。

除了运送药物和基因片段，石墨烯及其衍生物还能作为运送其他分子的载体（见图5-49）。如何提升石墨烯及其衍生物的运载效率和靶向能力，以及如何减少石墨烯对人体的副作用，是临床应用需要解决的问题。

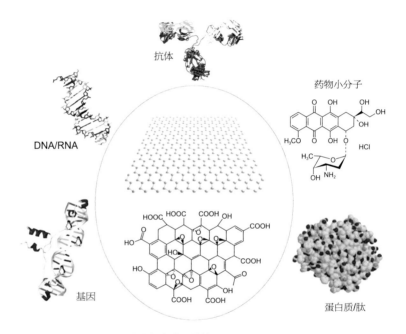

图 5-49　石墨烯及其衍生物作为分子载体

提示与启发　石墨烯和氧化石墨烯哪个更适合作为药物载体？

拓展知识　还有哪些石墨烯衍生物可作为药物载体？

走入健康生活

石墨烯具有优异的电导率和热导率，可用作导电发热器件。如将石墨烯薄膜加工成一种透明柔性电热器件，具有安全、柔性、轻薄等特点，用于保暖发热等领域。石墨烯电热器件在医学研究中也有应用，如石墨烯电热器件可辅助治疗癌症等。

保暖：迎风傲雪

石墨烯电热器件具有面状发热的特性

石墨烯具有优异的导电性和导热性，近年来被广泛用于发热和散热材料的研究。石墨烯电热器件透光性高，柔韧可弯曲，可实现均匀平面发热，适于制成轻便且保温的衣服、毯子等保温产品，使人们的生活更加便捷、舒适。例如，室温环境下，石墨烯电热器件（尺寸为 265×220 mm）在 110 V 交流电作用下通电 1 min 后，用红外热像仪记录其红外热成像结果如图 5-50 所示。从图中可以看出，石墨烯电热器件的有效发热区域内的最高温度为 54.0 ℃，最低温度为 49.2 ℃，整个发热区域的平均温度为 51.9 ℃，温度偏差小于 5 ℃。

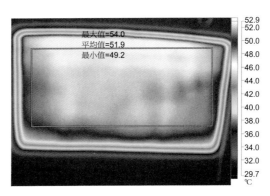

图 5-50　石墨烯电热器件红外热成像

市面上传统的电热器件，如金属电热器件或碳纤维电热器件等，已广泛应用，其红外热成像特性一般表现为线状发热（见图 5-51）。

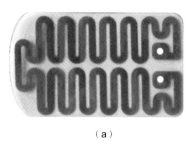
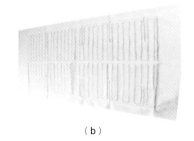

（a）   （b）

图 5-51　传统电热器件
（a）金属电热器件；（b）碳纤维电热器件

　　以石墨烯电热涂层作为发热层，可制成石墨烯电热地板，发热更加均匀，低温热辐射效率更高。石墨烯电热地板采用石墨烯电热涂层技术，工作时以"面"发热为主，与"线"发热的电缆相比，其辐射的热能更多、更快、更均匀；与碳晶电热膜相比，其电热辐射转换效率更高。图 5-52 是石墨烯电热地板的红外辐射成像结果。石墨烯产生的远红外线波长与人体的远红外线波长相近，波长集中在 8 ~ 15 μm，与人体的红外辐射波长的最大值 8 ~ 10 μm 相重叠，可产生一定的共振，促进人体血液循环和新陈代谢。此外，石墨烯电热地板所散发的远红外线，辐射高度为 1.2 ~ 2 m，会使人的全身感受到热量。可见，石墨烯电热层作为热源具有巨大的应用前景。

　　在 2022 年北京冬奥会期间，石墨烯柔性热管理材料技术成功应用。利用该技术制作的石墨烯加热围巾、石墨烯加热马甲、石墨烯加热手套和袜子等，能实现 38 ~ 52 ℃的温度调节，让赛场工作人员即使身处料峭寒风与冰雪之中，仍能感受到融融暖意。

提示与启发　　石墨烯电热器件"面"发热的原因是什么？

拓展知识　　　"面"发热有什么优势？

图 5-52　石墨烯电热地板的红外辐射成像

热疗：癌症防治

癌症治疗一直是世界性的医学难题。目前，尽管医学水平随着科技的发展不断进步，但是在复杂的人体环境中对抗癌细胞，仍然存在很多未知领域。对癌症的治疗主要依靠外科手术、化学治疗（化疗）、放射治疗（放疗）。这些手段在治疗癌症的同时，不可避免地存在一些副作用。例如，恶性肿瘤常会突破基底膜向四周浸润，外科手术切除肿瘤后，术后的伤口愈合过程中存在的炎症反应可能会引起肿瘤的转移。放疗、化疗的目的是杀死癌细胞，同时尽量减少对正常细胞产生不可逆的损害。所以，化疗药物的毒副作用和放疗产生的生物效应和破坏作用，不仅仅作用于肿瘤细胞，也损害正常细胞，导致全身和局部的毒副反应。随着手术、放疗、化疗等治疗瓶颈的出现，热疗作为一种历史悠久的疾病治疗方法，为肿瘤治疗提供了新方向。

热疗（hyperthermia）一词源于希腊文，意思是高热或过热。目前，石墨烯电热器件在热疗领域的应用已取得一定进展并引起社会的关注，如非侵入式特殊远红外肿瘤治疗、骨性关节炎治疗、甲状腺结节治疗等。肿瘤热疗，就是用加热方式治疗肿瘤的一种方法，即利用物理能量在肿瘤组织中沉淀而产生热效应，使肿瘤组织的温度上升到有效治疗温度，并维持一段时间以杀死癌细胞，同时又不损伤正常细胞的一种治疗方法，被国际医药界称之为"绿色疗法"。热疗在治疗肿瘤时，具有不损伤正常细胞、诱导癌细胞凋亡、抑制肿瘤细胞的侵袭与转移、增强机体免疫功能四大特点。

相比放疗、化疗，热疗在治疗肿瘤方面表现出更好的安全性，近些年发展迅猛。但由于热疗对热源及仪器的要求很高，目前治疗手段在热量的吸收性、可控性、安全性等方面还存在很多局限，例如如何保持温度，并把温度控制在一个合适的范围内十分关键。温度太低，肿瘤细胞不会被"热死"，温度太高，又会损伤正常细胞。只有热疗发出的热能被人体很好地吸收，才能更好地发挥作用。如果不能被人体吸收，就像电热毯持续加温，热量积累会致使皮肤受损。

为此，研究者们基于石墨烯制成电热器件，来激发红外线实现热疗，并在三维多细胞肿瘤上进行细胞实验。结果表明，在相同的功率下，石墨烯电热器件产生的红外线可以比碳纤维电热器件更高效地让癌细胞凋亡。此外，石墨烯电热器件还能显著抑制癌细胞形成单克隆及转移和侵袭。为了进一步研究石墨烯电热器件产生的红外线在动物体内是否也能抑制癌细胞的增长，研究者们在小鼠体内进行了癌细胞治疗实验。实验结果同样验证了石墨烯电热器件能够更好地抑制小鼠体内癌细胞的增殖，并延长小鼠的存活时间。碳纤维对照组虽然也能抑制小鼠体内癌细胞的增殖，但是会引起小鼠较为明显的体重下降、食欲不振（见图 5-53）。也就是说，石墨烯器件产生的红外线更容易被机体吸收，比传统热疗具有更好的疗效与更小的副作用。

石墨烯热疗为慢性疾病防治等领域的医学创新提供了新的思路。希望在不久的将来，石墨烯电热器件可以首先作为辅助治疗仪器进行癌症的联合治疗。

提示与启发　　热辐射能力与哪些因素有关？

拓展知识　　热的传递方式除了热辐射还有哪些？

图 5-53　癌细胞治疗后小鼠身体状态对比（从左到右：对照组、石墨烯器件组、碳纤维器件低功率组、碳纤维器件高功率组）

第6章　探究石墨烯

实验

创新实验帮助更好地理解石墨烯的结构、性能、应用。

透明胶带"撕"出石墨烯

机械剥离法制备石墨烯的原理及方法

实验目的

（1）了解机械剥离法制备石墨烯的原理，理解从层状石墨到石墨烯的过程

（2）借助胶带掌握机械剥离法制备石墨烯的操作方法

实验原理

微观上，石墨是层状结构，层与层之间的相互作用力是较弱的范德瓦耳斯力，因此石墨很容易被剥离为薄片，其中单层的石墨薄片即为石墨烯。借助一定的机械外力（如胶带）可克服范德瓦耳斯力，将单层的石墨薄片从石墨上剥离下来。这就是机械剥离法制备石墨烯的基本原理（见图 6-1）。

图 6-1　机械剥离法制备石墨烯的原理

实验器材

石墨、透明胶带、硅片（硅片表面有 300 nm 厚的二氧化硅）、镊子、光学显微镜。

实验步骤

（1）将一片块状石墨的一面粘贴在透明胶带上，用胶带的干净部

分覆盖石墨的另一面。

（2）用镊子轻轻刮压胶带背面，增大胶带与石墨表面的接触力，几分钟后缓慢撕开胶带。

（3）多次重复步骤（1）和步骤（2）的操作，逐层减薄石墨（见图6-2）。

（4）当胶带上粘有石墨薄片的区域开始变得透光且发灰时，灰色区域可能存在少层或单层石墨烯。

（5）将胶带贴在硅片上，利用光学显微镜对转移至硅片上的石墨烯进行观察（见图6-3）。

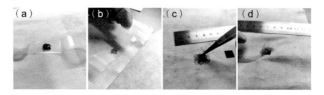

图6-2　利用胶带机械剥离法制备石墨烯
　　　　（a）块状石墨；（b）胶带按压；（c）镊子轻刮；（d）反复减薄

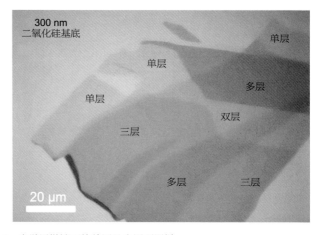

图6-3　光学显微镜下的单层及少层石墨烯

提示与启发

为什么石墨的层与层之间很容易被剥离开？

什么是范德瓦耳斯力？它与离子键、共价键和金属键相比有什么区别？

液体中的石墨烯

含氧官能团和分散剂对石墨烯分散性的影响

实验目的

（1）理解含氧官能团和分散剂对石墨烯分散性的影响

（2）掌握优化石墨烯分散性的思路

实验原理

石墨烯的共轭大 π 键使石墨烯层片通过范德瓦耳斯力重新发生团聚，因而在溶剂中难以稳定分散。在石墨烯表面引入羟基、羧基、环氧基等含氧官能团后即得到氧化石墨烯（见图 6-4），氧化石墨烯对水具有很好的亲和性，在水溶液中可形成稳定的胶束溶液。与水相比，乙醇的极性更低，与非极性的石墨烯更具亲和性，因此石墨烯可以在乙醇中稳定分散，且分散性优于在水中的分散性。

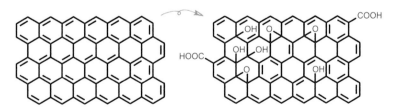

图 6-4　石墨烯（左）与氧化石墨烯（右）的结构对比

实验器材

天平、离心管、超声机、氧化石墨烯、石墨烯、去离子水、无水乙醇。

实验步骤

（1）用天平分别称量 20 mg 的氧化石墨烯和石墨烯装入两个离心管中，再分别加入 20 mL 去离子水。

（2）将两个离心管放入超声机中超声振荡 3 h，随后取出静置 24 h。

（3）观察氧化石墨烯和石墨烯在去离子水中的分散程度。

（4）将步骤（1）中的去离子水替换为无水乙醇，重复步骤（1）和步骤（2），观察氧化石墨烯和石墨烯在无水乙醇中的分散程度（见图 6-5）。

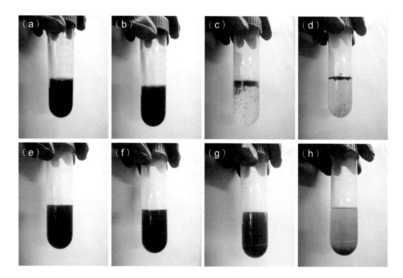

图 6-5　石墨烯和氧化石墨烯的分散性对比
　　（a）氧化石墨烯－水－超声振荡 3 h；（b）氧化石墨烯－水－超声振荡 3 h－静置 24 h；（c）石墨烯－水－超声振荡 3 h；（d）石墨烯－水－超声振荡 3 h－静置 24 h；（e）氧化石墨烯－无水乙醇－超声振荡 3 h；（f）氧化石墨烯－无水乙醇－超声振荡 3 h－静置 24 h；（g）石墨烯－无水乙醇－超声振荡 3 h；（h）石墨烯－无水乙醇－超声振荡 3 h－静置 24 h

提示与启发

采取哪些措施可以提高石墨烯在水中的分散性?

石墨烯和氧化石墨烯之间是否可以相互转化? 转化是否可逆?

紫外光照还原氧化石墨烯

在温和条件下实现氧化石墨烯的还原

实验目的

（1）掌握常用的还原氧化石墨烯的方法

（2）理解氧化石墨烯和石墨烯的结构特点及性能差异

实验原理

氧化石墨烯的制备过程简单且成本低，将氧化石墨烯还原为石墨烯是实现大批量生产石墨烯的一种思路。在紫外光照射下，水发生电离释放水合电子（e_{aq}^-）。水合电子可与氧化石墨烯发生还原反应，将其转化为还原氧化石墨烯（见图6-6）。该过程反应温和、绿色环保且制备周期短，与其他还原方法（如化学还原、热还原等）相比优势明显。

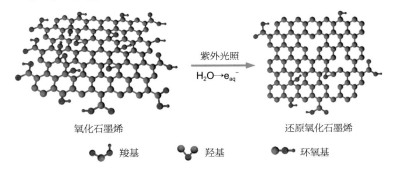

图 6-6　氧化石墨烯的紫外还原机理

实验器材

烧杯、超声机、手提式紫外灯、紫外可见分光光度计、氧化石墨烯、去离子水。

实验步骤

（1）以去离子水为溶剂，配制浓度为 1 mg·mL^{-1} 的氧化石墨烯分散液，超声处理使其均匀分散。

（2）取 100 mL 上述分散液于烧杯中，固定紫外灯的位置，开始照射并计时。

（3）隔 5 min、10 min、20 min、30 min 从烧杯中取出部分分散液，采集其紫外吸收光谱图。

（4）分析不同照射时间下各分散液的紫外吸收光谱图峰位和峰强的变化趋势及原因（见图 6-7）。

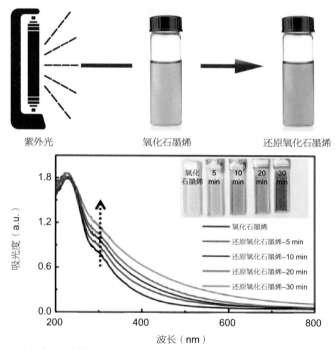

图 6-7　氧化石墨烯的紫外还原实验及紫外吸收光谱

提示与启发

氧化石墨烯和还原氧化石墨烯的结构和性能有什么不同？

还原氧化石墨烯是否可在水中稳定分散？采用何种方式可增强其在水中的分散性？

氧化石墨烯薄膜

抽滤法是一种简单、高效的氧化石墨烯薄膜制备方法

实验目的

（1）掌握真空抽滤法制备氧化石墨烯薄膜的原理及方法

（2）理解二维材料形成层状结构薄膜的原理

实验原理

氧化石墨烯富含极性含氧官能团，在水中具有良好的分散性。抽滤法制备氧化石墨烯薄膜的过程，就是利用负压驱动氧化石墨烯分散液通过滤膜，将氧化石墨烯层片截留在多孔滤膜表面形成致密的薄膜。氧化石墨烯层片之间以及氧化石墨烯与滤膜之间存在范德瓦耳斯力，因而氧化石墨烯薄膜会紧紧吸附在滤膜上。

实验器材

烧杯、超声机、真空抽滤装置、氧化石墨烯、混合纤维素酯多孔膜、丙酮、去离子水、甲醇、烘箱。

实验步骤

（1）将氧化石墨烯加入去离子水中，经超声处理得到均匀分散的氧化石墨烯分散液。

（2）稀释氧化石墨烯分散液，利用真空抽滤驱动稀释液透过混合纤维素酯多孔膜，获得氧化石墨烯薄膜。通过调节氧化石墨烯的浓度和过滤速度控制薄膜的厚度（见图 6-8）。

（3）将过滤得到的氧化石墨烯薄膜连同多孔膜一起裁切至所需尺

寸，用去离子水润湿。随后将含有氧化石墨烯的一面贴在要转移的目标基底上。

图6-8　不同厚度的氧化石墨烯薄膜

（4）在目标基底上加放 1 kg 的重物，使目标基底与氧化石墨烯薄膜充分接触。

（5）去除重物，用丙酮溶解多孔膜，使氧化石墨烯薄膜留在目标基底上。

（6）用甲醇冲洗氧化石墨烯薄膜，放入烘箱烘干后即得到附着在目标基底上的氧化石墨烯薄膜（见图6-9）。

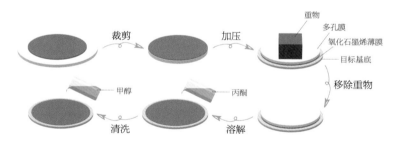

图6-9　氧化石墨烯薄膜转移至目标基底上的流程

提示与启发

氧化石墨烯薄膜有哪些应用？

抽滤法制备的薄膜具有层状结构，这与石墨的结构是否相同？

石墨烯纤维

氧化石墨烯具有液晶特性，可以有序排列

实验目的

（1）掌握湿法纺丝对氧化石墨烯进行有序组装的原理及方法

（2）了解热处理将氧化石墨烯纤维转变为石墨烯纤维的原理

实验原理

氧化石墨烯具有液晶特性，利用湿法纺丝可对其进行有序组装，得到氧化石墨烯纤维（见图 6-10）。通过热处理移除氧化石墨烯结构中的一部分含氧官能团，可将其转变为排列有序的石墨烯纤维。

实验器材

湿法纺丝设备、拉力机、氯化钙、镊子、热熔胶、显微镜、氧化石墨烯、去离子水、白纸、剪刀、烧杯、天平。

实验步骤

（1）借助天平，在烧杯中加入氧化石墨烯、去离子水，配制 $10 \ mg \cdot mL^{-1}$ 的氧化石墨烯水分散液。过滤多余的杂质后，将分散液装入注射器中。

（2）用连接头连接好纺丝喷嘴和注射器，将注射器安装于注射泵上，调节泵的推进速度，通过纺丝喷嘴挤出纺丝原液。

（3）利用二价离子的化学交联作用，使纤维在氯化钙溶液凝固浴中凝固，湿态的凝胶纤维随溶剂蒸发逐步转变为固态纤维。

（4）将固态纤维从凝固浴中牵引到收丝筒上，收集过程中溶剂蒸

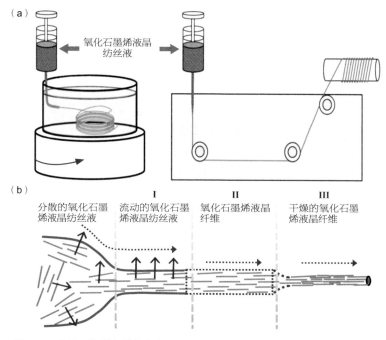

图 6-10　氧化石墨烯纤维的制备

（a）氧化石墨烯湿法纺丝装置；（b）纺丝过程中氧化石墨烯的变化过程

发，干燥后获得致密的纤维。

（5）准备 10 mm 标距的纸框，用镊子夹取一段纤维搭在纸框上，用热熔胶沿着纸框边缘粘牢，使试样初始长度等于标距长度（见图 6-11）。

（6）用拉力机夹头夹牢纸框的首尾部分，剪断纸框的两肋，以 5 mm·min^{-1} 的速度拉伸纤维直至其断裂，记录测试数据。

（7）利用显微镜测量拉断纤维的直径，计算纤维的截面积、强度和伸长率。

提示与启发

为什么石墨烯无法直接纺丝？

还有哪些溶液可以使纤维凝固？

将样品做成纤维状对其力学性能有什么影响？

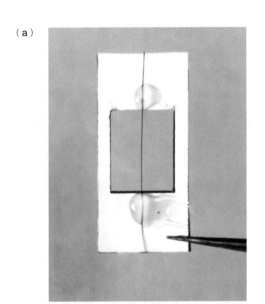

图 6-11　石墨烯纤维拉伸测试实验
　　　　（a）拉伸测试样品；（b）拉伸测试设备

石墨烯多孔材料

表面活性剂起泡法制备石墨烯多孔材料

实验目的

（1）掌握气泡模板辅助制备多孔石墨烯的原理及方法

（2）了解石墨烯多孔材料的结构特点

实验原理

表面活性剂分子可降低水的表面张力，在空气和水的界面形成弹性膜，使空气被水包裹，形成气泡。同理，在氧化石墨烯分散液中加入表面活性剂并进行搅拌，空气被分散液包裹会形成气泡。气泡可作为模板，辅助形成石墨烯多孔材料。氧化石墨烯带负电，为保证混合时不发生电中和反应而导致泡沫模板破裂，表面活性剂应选择阴离子型或非离子型。通过热还原反应可将氧化石墨烯多孔材料转化为石墨烯多孔材料（见图6-12）。

—氧化石墨烯层片　　　—石墨烯层片

图6-12　起泡法制备石墨烯多孔材料的原理

实验器材

烧杯、天平、玻璃棒、打蛋器、冷冻室、冷冻干燥机、镊子、石英舟、卧式电阻炉、氩气、氧化石墨烯、去离子水、表面活性剂普朗尼克 F-127。

实验步骤

（1）用天平称取 0.1 g 表面活性剂普朗尼克 F-127 加入烧杯，再加入 50 mL 去离子水，用玻璃棒搅拌加速溶解。

（2）用打蛋器将表面活性剂溶液快速搅拌 1 min，使容器内产生大量气泡。静置 5 min 后取上层气泡 10 mL 置于烧杯中。

（3）配置 10 mL 浓度为 5 mg·mL^{-1} 的氧化石墨烯分散液，加入步骤（2）的 10 mL 气泡中，并用玻璃棒均匀搅拌 1 min 至均匀混合状态。

（4）将搅拌好的均匀混合体系放入冰柜冷冻室冷冻 1 h，使气泡结构固定。随后取出放入冷冻干燥机。

（5）冻干后用镊子将样品取出，获得氧化石墨烯多孔材料。

（6）将氧化石墨烯多孔材料放入石英舟内，置于卧式电阻炉中部，在氩气保护及 900 ℃ 温度下保温 1 h，冷却后得到石墨烯多孔材料（见图 6-13）。

提示与启发

生活中有哪些常见的物质可替代实验中用到的表面活性剂？

如何让气泡更稳定？

冷冻干燥过程是如何去除样品中的水分的？

为什么氧化石墨烯热还原需要氩气保护？

表面活性剂气泡及氧化石墨烯分散液

氧化石墨烯海绵

石墨烯海绵

图 6-13　起泡法制备石墨烯多孔材料的实验过程

石墨烯吸油海绵

石墨烯海绵的疏水亲油性及在吸附方面的应用

实验目的

（1）掌握石墨烯海绵的制备方法

（2）了解石墨烯海绵在吸附方面的应用

实验原理

石墨烯海绵是一种多孔材料，也称作石墨烯气凝胶，具有极低的密度。石墨烯海绵疏水亲油，可以将油从油水混合物中吸取出来。石墨烯海绵的比表面积大，孔隙占比高（> 99%），对油类物质的吸附率极高。图 6-14 对比了石墨烯海绵与水、油接触后不同的亲疏状态。

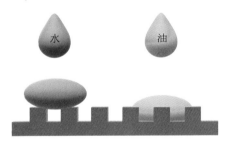

图 6-14 石墨烯海绵的吸油原理

实验器材

烧杯、天平、加热箱、超声分散机、反应釜、冷冻室、冷冻干燥机、镊子、去离子水、氨水、氧化石墨烯粉末、苏丹红、十二烷。

实验步骤

（1）用天平称取 50 mg 氧化石墨烯粉末加入烧杯，再加入 50 mL

去离子水，超声处理后得到均匀的氧化石墨烯分散液。

（2）将分散液倒入反应釜中，加入 3 mL 氨水，密封后置于 180 ℃的加热箱中进行水热反应 24 h，将氧化石墨烯还原为石墨烯水凝胶。

（3）将石墨烯水凝胶置于冰柜冷冻室中，在 -60 ℃下冷冻 1 h。

（4）用冷冻干燥机抽真空，对石墨烯水凝胶进行干燥，得到石墨烯海绵。

（5）在烧杯中加入 80 mL 去离子水及 10 mL 经苏丹红染色的十二烷。

（6）用镊子将石墨烯海绵投入烧杯中，观察石墨烯海绵对十二烷的吸附效果（见图 6-15）。

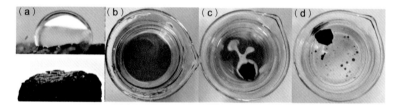

图 6-15　石墨烯海绵的吸油实验过程
　　　　　（a）石墨烯海绵；
　　　　　（b）苏丹红染色的十二烷；
　　　　　（c）吸附过程；
　　　　　（d）完成吸附

（7）用镊子将吸附十二烷后的石墨烯海绵取出。用天平对吸附前后的石墨烯海绵进行称重，差值即为十二烷的吸附量。

（8）计算吸附率（η）：η= 石墨烯海绵对十二烷的吸附量 / 吸附前石墨烯海绵的质量 ×100%。

提示与启发

石墨烯海绵为什么具有疏水亲油性？

相比于一般的干燥方式，冷冻干燥有什么优点？

石墨烯海绵的密度与吸附率之间存在什么关系？

氧化石墨烯橡皮泥

多功能氧化石墨烯橡皮泥的制备方法

实验目的

（1）掌握氧化石墨烯复合材料的制备原理及方法

（2）理解氧化石墨烯与复合材料中其他组分的作用机理

实验原理

氧化石墨烯、亚甲基蓝（Methylene Blue，MB）、聚丙烯酸（Polyacrylic Acid，PAA）、氯化钙（Calcium Chloride，$CaCl_2$）、碳酸钠（Sodium Carbonate，Na_2CO_3）溶液混合后，氧化石墨烯与 MB 之间通过静电作用及 $\pi-\pi$ 堆叠作用交联。钙离子（Ca^{2+}）配位交联氧化石墨烯和 PAA 的羧基官能团（$O{=}C{-}OH$），形成网络结构，细小的无定形碳酸钙纳米颗粒交联于 PAA 和氧化石墨烯层片间（见图 6-16）。

实验器材

烧杯、天平、搅拌机、橡胶手套、密封螺纹平底试管、氧化石墨烯、PAA（分子量约 100 000）、$CaCl_2$、Na_2CO_3、MB、去离子水。

实验步骤

（1）借助烧杯、天平配制 $1\ mg\cdot mL^{-1}$ 的氧化石墨烯分散液、$0.4\ mol\cdot L^{-1}$ 的 PAA 溶液、$0.4\ mol\cdot L^{-1}$ 的 $CaCl_2$ 溶液、$0.1\ mol\cdot L^{-1}$ 的 Na_2CO_3 溶液、$9\ mg\cdot mL^{-1}$ 的 MB 溶液。

（2）将 10 mL 的氧化石墨烯分散液、10 mL 的 PAA 溶液、10 mL 的 MB 溶液混合搅拌 2 min。

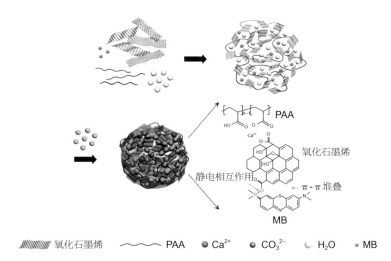

图 6-16 氧化石墨烯橡皮泥的组装机理

（3）在搅拌的条件下，加入 10 mL 的 $CaCl_2$ 溶液，继续搅拌 2 min。

（4）在搅拌的条件下，逐滴滴加 Na_2CO_3 溶液约 10 mL，直至出现稳定的絮状物。

（5）戴上橡胶手套，将絮状物取出，将滤液倒入密封螺纹平底试管留存。

（6）反复按压絮状物 3 ~ 5 次，得到石墨烯橡皮泥。

（7）改变 MB 的添加量，重复上述实验步骤，得到不同颜色的氧化石墨烯橡皮泥。

（8）用不同颜色的氧化石墨烯橡皮泥组装成不同的造型（见图 6-17）。

提示与启发

氧化石墨烯的浓度对所制备的氧化石墨烯橡皮泥有什么影响？

可任意造型的氧化石墨烯橡皮泥有哪些应用？

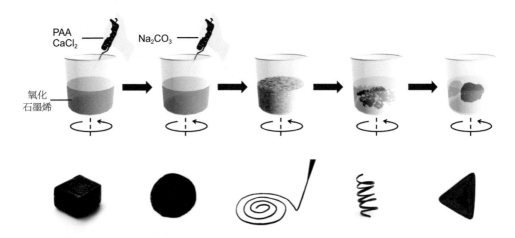

图 6-17　氧化石墨烯橡皮泥的组装流程和造型实物

氧化石墨烯纳滤膜

氧化石墨烯膜的层状结构可用于过滤和分离

实验目的

（1）了解具有层状结构的氧化石墨烯膜的组装方法

（2）掌握氧化石墨烯膜的结构特点及其纳滤分离原理

实验原理

氧化石墨烯是一种双亲性的二维碳材料，表面丰富的含氧官能团使其具有良好的亲水性，同时水分子可在疏水碳原子区进行超低摩擦流动。利用滴涂、旋涂、真空抽滤等液相成膜方法可将氧化石墨烯分散液组装为具有层状结构的氧化石墨烯膜。在压力驱动下，借助尺寸阻隔效应和静电排斥作用，氧化石墨烯膜可实现对染料、蛋白等物质的选择性筛分，从而实现纳滤分离（见图6-18）。

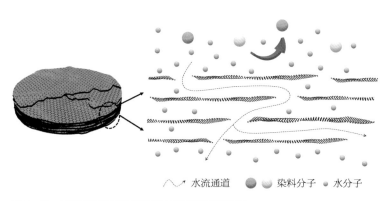

〜〜〜 水流通道　　●染料分子　・水分子

图6-18　氧化石墨烯膜的结构及其截留染料的原理

实验器材

烧杯、天平、真空抽滤装置、烘箱、低压过滤膜池、紫外可见分光光度计、混合纤维素酯多孔膜、氧化石墨烯、甲基橙、亚甲基蓝、去离子水。

实验步骤

（1）利用真空抽滤法制备氧化石墨烯膜。将氧化石墨烯分散液适当稀释，利用真空抽滤驱动稀释液透过混合纤维素酯多孔膜，调节氧化石墨烯的浓度使膜达到所需的厚度。

（2）将所得氧化石墨烯膜放置于 50 ℃的烘箱中干燥 12 h。

（3）借助烧杯、天平分别配制浓度为 50 mg·L^{-1} 的甲基橙和亚甲基蓝水溶液。

（4）将氧化石墨烯膜固定在低压过滤膜池内，利用氮气提供驱动压力，分别使甲基橙和亚甲基蓝水溶液通过氧化石墨烯膜。

（5）记录滤液质量随测试时间的变化情况，并计算膜的水通量。

（6）利用紫外可见光分光光度计测试原溶液和滤液中染料的浓度，计算膜的截留率（见图 6-19）。

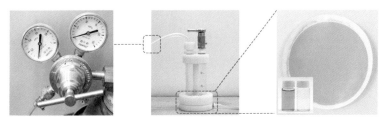

图 6-19　压力驱动氧化石墨烯膜截留甲基橙染料

膜的水通量用于表征水透过膜的速度，按式（6-1）计算。

$$J = \frac{V}{A \times P \times T} \tag{6-1}$$

其中，J 为水通量，V 为滤液的体积，A 为膜的有效过滤面积，P

为测试的驱动压力，T 为过滤时间。

膜的截留率反映膜截留目标溶质的能力，通过原溶液和滤液中溶质浓度的变化情况进行量化，按式（6-2）计算。

$$R = \frac{C_f - C_p}{C_f} \times 100\% \qquad （6\text{-}2）$$

其中，R 为截留率，C_f 为原溶液中的溶质浓度，C_p 为滤液中的溶质浓度。

提示与启发

氧化石墨烯膜对甲基橙和亚甲基蓝的截留性能有何不同？主要原因是什么？

针对不同的截留对象和应用场合，常见的膜分离过程有哪些？与之相应的分离膜各有什么结构和性能特点？

石墨烯激光推动

激光与石墨烯之间的相互作用

实验目的

（1）了解激光与石墨烯的相互作用机理

（2）掌握激光驱动石墨烯运动的实验方法

实验原理

通过激光辐照可在稀薄气体中实现激光束对石墨烯材料的直接推动，以石墨烯为载体可进一步实现对其他材料的推动。该推动过程不需要借助任何燃料即可实现石墨烯或其他关联物体的非接触式推动，且推动力远大于光压，简单高效，绿色环保（见图 6-20）。

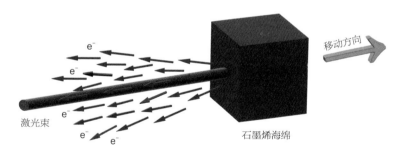

图 6-20　激光推动石墨烯的实验原理

实验器材

半导体激光器、可抽低压的密闭石英管、气压计、气泵、石墨烯海绵。

实验步骤

（1）仿照单摆模型，将一块石墨烯海绵通过悬线悬挂在支架上，一并放入一个透明的密闭石英管中。

（2）使用气泵将石英管中的气压抽至 8 Pa，形成稀薄气体环境。

（3）打开半导体激光器，使激光束从底部入射辐照石墨烯海绵（激光束的光斑直径约为 2 mm，功率为 50 mW，波长为 488 nm）。

（4）石墨烯海绵在激光辐照下持续上浮。当石墨烯浮动至最高点时，光照截面最小，所受的激光推动力最弱，随后关闭激光，石墨烯在重力作用下回到最低点，即初始位置（见图 6-21）。

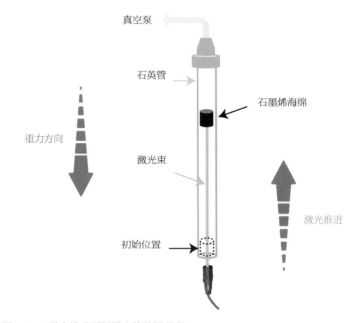

图 6-21　激光推动石墨烯实验装置示意

提示与启发

石墨烯的非接触式激光推动有哪些潜在应用？

石墨烯与激光之间的相互作用可能是哪些因素导致的？

氧化石墨烯水培切花

氧化石墨烯的亲水性和杀菌作用

实验目的

（1）探究水培条件下不同浓度的氧化石墨烯水溶液对切花外部形态的影响

（2）了解氧化石墨烯对植物生长的促进作用

实验原理

低浓度的氧化石墨烯在植物根部导管口形成取向有序、排列规则的滤膜，促进水分子进入导管。氧化石墨烯具有杀菌性，可大幅度减缓细菌在导管处的附着，减缓细菌繁殖对切花吸收水分的干扰。高浓度的氧化石墨烯在植物导管口大量积累，层片之间搭接无序，结构松散，使水分子发生反向运动或形成涡流，从而阻碍导管对水分的吸收（见图 6-22）。

实验器材

剪刀、试管、直尺、游标卡尺、温度计、湿度计、体视显微镜、切花月季、氧化石墨烯水分散液、去离子水。

实验步骤

（1）选择开花程度相似的切花月季，修剪，保留约 25 cm 的花茎长度，茎切口处呈 45° 斜面，去除叶片。

（2）用去离子水清洗花茎和茎切口处，将切花插入试管中。采用不同浓度的氧化石墨烯水分散液（0 mg·L^{-1}、0.1 mg·L^{-1}、1 mg·L^{-1}、

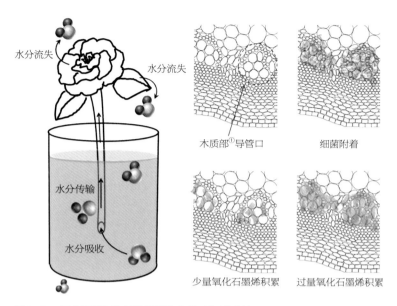

水分流失

水分流失

水分传输

水分吸收

木质部①导管口

细菌附着

少量氧化石墨烯积累

过量氧化石墨烯积累

图 6-22　氧化石墨烯与植物导管处的相互作用原理

10 mg·L⁻¹、100 mg·L⁻¹、500 mg·L⁻¹、1000 mg·L⁻¹、2000 mg·L⁻¹ ）对切花月季进行培养（每组 10 支）。室内温度和相对湿度保持在一定范围内。溶液体积始终保持在 40 mL。

（3）每天拍照记录切花月季的外部形态（见图 6-23）。

（4）每天记录瓶插寿命②，用游标卡尺测量花径值③。绘制不同浓度氧化石墨烯水分散液水培切花月季的瓶插寿命和花径值的变化曲线（见图 6-24）。

---

① 切花不断从培养液中吸收水分来维持细胞的正常代谢功能并保持自身的外部形态。木质部的主要职能为向上运输水分子及溶解于水中的无机盐等物质，兼具支撑作用，其主要组成部分有导管、管胞、木纤维等。其中导管是水分和无机盐的传输通道，在木质部中呈不规则点状分布。

② 从切花插入溶液的时刻（记为第 0 天）起至切花出现歪头，花瓣失去膨压或脱落为止，此时间段为切花的瓶插寿命。

③ 花径值为切花的最外层相对花瓣的距离。花径值是衡量切花观赏价值的主要指标之一，花径值越大，切花的观赏性越强。花径值的变化趋势侧面反映了切花的生命进程：花径值增大时对应切花的初开期和半开期；花径值维持不变时对应切花的盛开期；花径值减小时对应切花的萎蔫期。

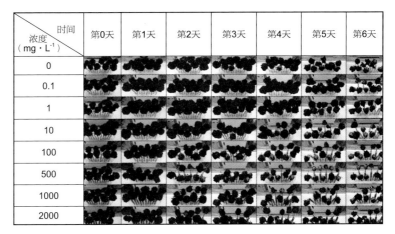

图6-23 不同浓度氧化石墨烯分散液（0 mg·L⁻¹、0.1 mg·L⁻¹、1 mg·L⁻¹、10 mg·L⁻¹、100 mg·L⁻¹、500 mg·L⁻¹、1000 mg·L⁻¹、2000 mg·L⁻¹）水培切花月季照片（第0～6天）

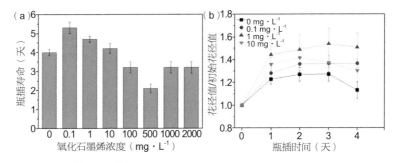

图6-24 瓶插寿命和花径值
（a）不同浓度氧化石墨烯分散液（0 mg·L⁻¹、0.1 mg·L⁻¹、1 mg·L⁻¹、10 mg·L⁻¹、100 mg·L⁻¹、500 mg·L⁻¹、1000 mg·L⁻¹、2000 mg·L⁻¹）水培切花月季的瓶插寿命（结果为平均值 ± 标准差，样品数为10）；
（b）低浓度氧化石墨烯分散液（0 mg·L⁻¹、0.1 mg·L⁻¹、1 mg·L⁻¹、10 mg·L⁻¹）水培切花月季的花径值变化情况（结果为平均值 ± 标准差，样品数为10）（第0～4天）

（5）每隔12 h对切花花茎切口处进行观察，并拍照记录（见图6-25）。

（6）从切花茎底部切下一段长度为1 cm的花茎。在体视显微镜下观察切下的花茎的两端（原茎底部切口处及距原茎底部切口处1 cm的新切口截面）（见图6-26）。结合照片和显微镜观察结果，分析氧化石墨烯对切花保鲜的影响机制。

浓度 （mg·L⁻¹） 时间	0	0.1	1	10	100	500	1000	2000
第0天								
第1天								
第2天								
第3天								
第4天								
第5天								
第6天								

图6-25 不同浓度氧化石墨烯分散液（0 mg·L⁻¹、0.1 mg·L⁻¹、1 mg·L⁻¹、10 mg·L⁻¹、100 mg·L⁻¹、500 mg·L⁻¹、1000 mg·L⁻¹、2000 mg·L⁻¹）水培切花花茎切口处照片（第0～6天）

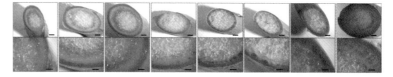

图6-26 不同浓度氧化石墨烯分散液（从左往右依次为0 mg·L⁻¹、0.1 mg·L⁻¹、1 mg·L⁻¹、10 mg·L⁻¹、100 mg·L⁻¹、500 mg·L⁻¹、1000 mg·L⁻¹、2000 mg·L⁻¹）水培切花距原茎底部1 cm处横切面的体视显微镜照片（第6天）
（★注：第1行标尺为1 mm，第2行标尺为400 μm）

提示与启发

在水培和土培条件下，氧化石墨烯对植物有毒性吗？

如何分析培养液和土壤中细菌的菌落个数和菌属类别？

石墨烯太阳能吸收体与光热转换

石墨烯是一种优异的太阳能吸收体，具有光热转换效应

实验目的

（1）了解太阳能吸收体

（2）观察石墨烯的光热转换现象，分析其机理

实验原理

理想的太阳能吸收体需要 100% 吸收可见光和近红外波段的太阳光，并且完全抑制由黑体辐射引起的热损失。石墨烯具有超大的比表面积、优异的热传导性和热稳定性，是一种极具潜力的光热转换材料。由石墨烯构成的多孔海绵和薄膜可有效地将太阳能转换为热能，光热转换效率高达 90%（见图 6-27）。

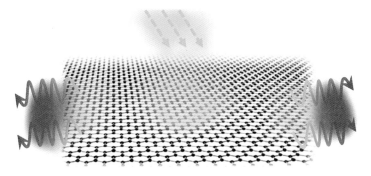

图 6-27　石墨烯光热转换机理

实验器材

烧杯、温度计、铁架台、计时器、太阳能模拟器或红外线烤灯、

石墨烯海绵、石墨烯薄膜、去离子水、剪刀。

实验步骤

（1）在 3 个烧杯中盛装等体积的去离子水。

（2）将石墨烯海绵和石墨烯薄膜裁剪至合适的尺寸，分别放在两个烧杯的水面上（漂浮在水面上并保持良好浸润接触）。第 3 个烧杯作为空白组。

（3）将温度计固定在铁架台上，调整烧杯和温度计的高度，使温度计的底部刚好没入水面。

（4）调整太阳能模拟器或红外线烤灯与烧杯的相对位置，打开电源，辐照水面进行加热。

（5）在相同的辐照条件下，记录水面温度随时间的变化情况，同时观察水面刻度的变化情况，并对结果进行分析（见图 6-28）。

图 6-28　石墨烯光热转换实验示意

提示与启发

水面温度变化是否能真正反映石墨烯的光热转换效率？

3个烧杯中水的蒸发速率有何不同？水蒸气产生的原因是什么？

如何利用石墨烯的光热转换机理实现在光热发电、海水淡化、医疗消毒等领域的应用？

石墨烯复合材料与染料降解

石墨烯/二氧化钛纳米复合材料的光催化性质

实验目的

（1）掌握光催化的基本过程和原理

（2）了解石墨烯在光催化降解过程中发挥的作用

实验原理

二氧化钛是一种半导体材料，当辐射能量大于其禁带宽度时，其价带上的电子被激发跃迁至导带，产生的空穴被留在价带。电子和空穴分离并迁移至催化剂表面，与吸附在催化剂表面的物质（如染料分子）发生氧化还原反应，使其降解。石墨烯可促进光生载流子的分离，石墨烯 / 二氧化钛纳米复合材料具有优异的光催化性能（见图 6-29）。

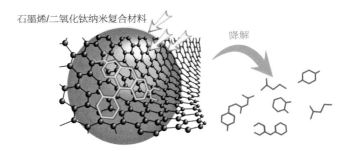

图 6-29　石墨烯 / 二氧化钛纳米复合材料的光催化机理

实验器材

烧杯、磁力搅拌器、锡纸、氙灯、紫外可见分光光度计、罗丹明

B、石墨烯／二氧化钛纳米复合材料、去离子水。

实验步骤

（1）在装有 100 mL 罗丹明 B 溶液（浓度为 5 mg·L^{-1}）的烧杯中加入一定量的石墨烯／二氧化钛纳米复合材料。

（2）用锡纸遮住烧杯避光搅拌 30 min，使罗丹明 B 和复合材料之间达到吸附－脱附的动态平衡。

（3）利用紫外可见光分光光度计测试并记录溶液的初始紫外－可见光吸收光谱。

（4）在搅拌的条件下，打开氙灯光源，每隔 20 min 取出少量溶液，测试并记录 4 次反应后溶液的紫外－可见光吸收光谱。

（5）比较各紫外－可见光吸收光谱，观察溶液的颜色变化情况（见图 6-30）。

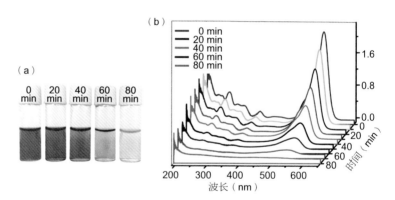

图 6-30　石墨烯／二氧化钛纳米复合材料光催化降解罗丹明 B
（a）溶液实物；（b）紫外－可见光吸收光谱

提示与启发

在光催化降解过程中，影响降解效果的因素有哪些？

有机污水的处理技术有哪些？各有什么特点？

石墨烯的导电性与"幽灵灯"

石墨烯薄膜的高电导率和高透光率

实验目的

（1）掌握石墨烯薄膜的高导电性和高透光性

（2）了解影响石墨烯薄膜电阻的外在因素

实验原理

石墨烯薄膜具有良好的导电性，可作为导电介质接通电路，同时具有良好的光学特性，在较宽波长范围内的吸光率仅为 2.3%，宏观上几乎是透明的。将导电、透明的石墨烯薄膜接入电路，探究石墨烯薄膜对 LED 灯发光亮度的影响，分析石墨烯薄膜的导电特性（见图 6-31）。

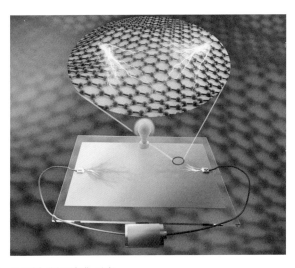

图 6-31 石墨烯"幽灵灯"示意

银浆、铜导线、橡皮擦、干电池、LED 灯、石墨烯薄膜。

实验步骤

（1）在石墨烯薄膜两端引出铜导线，在连接处滴涂银浆，等待银浆自然风干。

（2）使用橡皮擦将石墨烯薄膜的中间区域擦除一段，形成断路。

（3）用铜导线串联两节 1.5 V 干电池为电源，用 LED 灯的引脚连接断路两侧的石墨烯薄膜，观察 LED 灯是否被点亮（见图 6-32）。

图 6-32　石墨烯"幽灵灯"的制作过程

提示与启发

在 LED 灯接通的条件下，对着石墨烯区域呼一口气，观察 LED 灯亮度的变化情况，分析原因。

改变环境温度，观察 LED 灯亮度的变化情况，分析原因。

还有哪些方法能改变（增加或减小）石墨烯的电阻？

石墨烯的气敏性与"电子鼻"

石墨烯的气敏特性源于气体对其导电性能的影响

实验目的

（1）掌握石墨烯薄膜气敏特性的测试方法

（2）理解石墨烯对氨气的传感机制

实验原理

当石墨烯与气体分子接触时，气体分子会改变石墨烯的载流子浓度，从而使其导电性能发生变化。例如，氨气容易失去电子，对石墨烯进行电子掺杂，使石墨烯的 P 型半导体性质减弱，导电性能变差。石墨烯"电子鼻"可用于探测氨气，探测原理和探测使用的叉指电极的结构如图 6-33 所示。通过检测不同气体浓度下石墨烯的电阻变化，即可实现对气体的灵敏探测。

实验器材

叉指电极、热板、马弗炉、气体引导装置、氨气产生装置、数字万用表、氧化石墨烯分散液。

实验步骤

（1）将氧化石墨烯分散液滴在叉指电极上，在 40 ℃的热板上加热烘干，形成氧化石墨烯薄膜。

（2）在 300 ℃的马弗炉中对氧化石墨烯薄膜进行 10 min 热还原。

（3）通过气体引导装置将氨气引入测试腔内。注意密封以防氨气泄漏，实验应选在通风良好处，并做好个人防护。

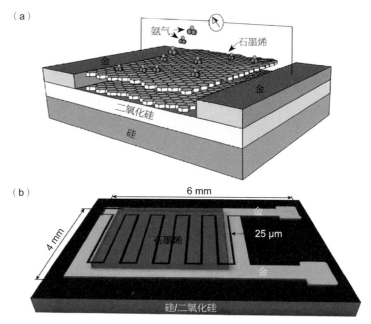

图6-33 探测氨气的石墨烯"电子鼻"
（a）探测原理；（b）叉指电极结构示意

（4）将石墨烯传感器的电极通过引线接入数字万用表，通入氨气，观察电阻变化，按式（6-3）计算气体灵敏度（见图6-34）。

$$S = \frac{R_g - R_a}{R_a} \times 100\% \qquad (6-3)$$

其中 S 为灵敏度，R_a 为石墨烯传感器的初始电阻值，R_g 为传感器在测试气体中的电阻值。

提示与启发

石墨烯的还原程度对其导电性能有什么影响？

氧化还原法制备的石墨烯与机械剥离法制备的石墨烯相比，哪个更适用于气体探测？

与氨气相比，二氧化氮具有很强的得电子能力，其对石墨烯导电性能的影响有何不同？

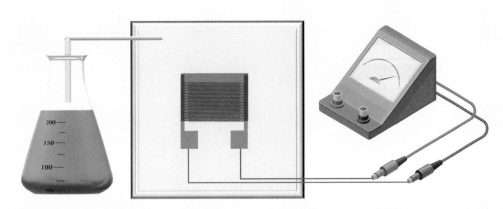

图 6–34　石墨烯气敏特性测试系统示意

参考资料